少年科普热点

快乐电脑

KUAILE DIANNAO

中国科学技术协会青少年科技中心　组织编写

科学普及出版社
·北 京·

组织编写　中国科学技术协会青少年科技中心
丛书主编　明　德
丛书编写组　王　俊　魏小卫　陈　科
周智高　罗　曼　薛东阳
徐　凯　赵晨峰　郑军平
李　升　王文钢　王　刚
汪富亮　李永富　张继清
任旭刚　王云立　韩宝燕
陈　均　邱　鹏　李洪毅
刘晨光　农华西　邵显斌
王　飞　杨　城　于保政
谢　刚　买乌拉江

策划编辑　肖　叶
责任编辑　邓　文　朱　颖
封面设计　同　同
责任校对　林　华
责任印制　李晓霖

目录

第一篇　电脑的过去和未来

第二篇　打开电脑看硬件

第三篇　走进软件世界

第一篇 电脑的过去和未来

电子计算机，又叫电脑。它诞生于20世纪40年代，它的出现对人类社会产生了巨大的影响。如果说蒸汽机的发明标志着机器代替人类体力劳动的开始，那么计算机的应用则开创了解放人类脑力劳动的新时代。

那么，你能准确地说出什么是电子计算机吗？电子计算机是一种能够存储程序，并能按照程序自动、高速、精确地进行大量计算和信息处理的电子机器。它本身当然是

人类经济发展离开电脑已无可能

科学技术和生产力发展的结果，但它的出现反过来又促进了科学技术和生产力的高速发展。你别看计算机的出现不过几十年的时间，到了现在，电子计算机的发展和应用水平已经成了衡量一个国家科学技术发展水平和经济实力的重要标志。因此，学习和掌握电子计算机知识，对于我们生活在当今时代的学生来说太重要啦！

第一代计算机是如何诞生的？

1946 年，美国宾夕法尼亚大学研制成功了世界上第一台真正意义上的电子计算机，并把它命名为 ENIAC。差不多在同一时间，冯·诺依曼研制出一台被认为是现代计算机原型的通用电子计算机 EDVAC。接下来是威尔金斯在 1949 年研制出了 EDSAC，图灵在 1950 年研制成功了 ACE。半个多世纪以后，计算机科学在今天已经成为发展最快的一门

ENIAC 计算机

冯·诺依曼设计的 EDVAC

学科了。

根据计算机采用的物理器件，我们一般将计算机的发展分为以下四个时代：电子管计算机时代、晶体管计算机时代、集成电路计算机时代和大规模集成电路计算机时代。一般人们把 1943～1955 年看作是第一代电子管计算机时代。

20 世纪初，一个美国人发明了电子管。在这之前的计算机都是基于机械的运行方式工作的，尽管有个别产品开始引入一些电学内容，却都是从属于机械的，就是说还没有进入计算机逻辑运算的领域。

威尔金斯研制的 EDSAC

在电子管发明以前，要造出数字电子计算机是不可能的。电子管为电子计算机的发展奠定了基础。在第二次世界大战期间，美国政府开始寻求开发计算机潜在的战略价值。虽然这个初衷说不上多高尚，却在客观上促进了计算机的研制和开发。1943 年 1 月，一台自动顺序控制计算机 Mark Ⅰ 在美国研制成功。你能想象吗，整个机器几乎有半个足球场那么大，重达 5 吨，包括 75 万个零部件，使用了 3000 多个继电器、60 个开关作为机械只读存储器。运行的速度别提有多慢了。这个机器被用来为美国海军计算弹道火力表，

而且它也只能用在这种专门的领域上。但是，它不仅已经可以执行基本的算术运算，而且也可以运算复杂的等式了。

1946年2月14日，第一台现代计算机正式诞生了。它被称作ENIAC（Electronic Numerical Integrator and Computer，电子数字积分计算机），它的孕育足足花了三年的时间，最后在费城公之于世。ENIAC代表了计算机发展史上的里程碑。它通过不同部分之间的重新接线编程，拥有了并行计算能力。ENIAC由美国政府和宾夕法尼亚大学合作开发，使用了18 000个电子管，70 000个电阻

1943年4月，一个研究小组研制成功一台密码破译机“希思·鲁宾逊”。希思·鲁宾逊是英国著名的漫画家和插图画家，他的画风滑稽古怪，所以我们从这个命名就可以想象到这台机器的风格了。但是它首次使用了一些逻辑部件和真空管，它的光学装置每秒能读入2000个字符，这赋予了它与Mark Ⅰ同样的划时代意义。

器，有500万个焊接点，耗电150千瓦，有30吨重，占地170多平方米，真是个大块头啊。不过它的运算速度已经比Mark Ⅰ快了1000倍，而且ENIAC还是第一台普通用途的计算机，就是说，它不仅能完成特定的工作，也可以进行一般性的运算了。

第一代计算机从总体上说，其操作指令是为特定任务编制的，每种机器有各自不同的机器语言，功能受到限制，速度也很慢。第一代计算机的特征是采用电子管作为逻辑元件；用阴极射线管或汞延迟线作主存储器；外存主要使用纸带或者卡片；程序设计使用

劳伦斯·利弗莫尔国家实验室中的IBM－701电脑

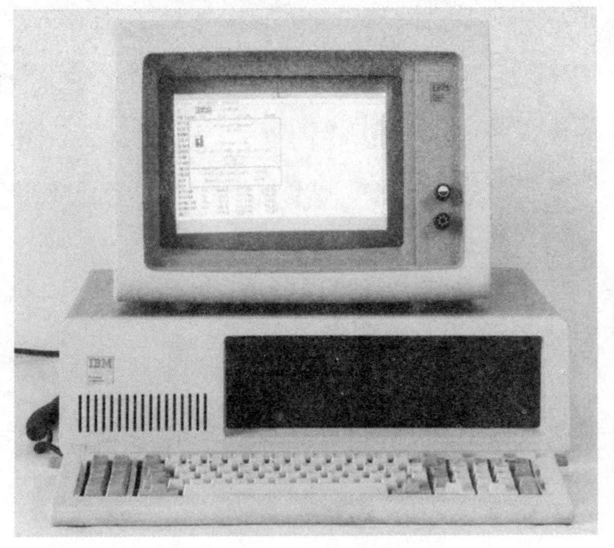

IBM 在 1981 年推出的个人计算机

的是机器语言或汇编语言。这个时期，有一定批量生产、能够提供实际使用的计算机，是 IBM 公司在 1953 年推出的 IBM－701 计算机。

你见过电子管吗？

计算机是怎样一步步发展起来的？

人们一般把 1956~1963 年看作是第二代晶体管计算机驰骋疆场的时代。

电子管计算机已经步入了现代计算机的范畴，但由于电子管的天然限制，它的体积太大、能耗太高、故障太多、价格太贵，这些大大制约了它的普及应用。1948 年晶体管被发明，电子计算机才找到了腾飞的起点，从此一发而不可收。

1956 年，晶体管开始代替体积庞大的电子管在计算机中使用，电子设备的体积不断减小。晶体管和磁芯存储器意味着第二代计算机的诞生。第二代计算机体积小、速度

一块常见的集成电路元件

电脑主板就是各种集成电路和其他元器件的集合体

快、功耗低、性能也更加稳定。

首先使用晶体管技术的是早期的超级计算机，这些大家伙主要用于原子科学的大量数据处理，根据用途我们就可以猜想出它们价格昂贵，生产数量极少。1960年出现了一些普通用途的计算机，它们在商业领域、大学和政府部门大显身手。这些计算机用晶体管代替了电子管，还拥有了现代计算机的一些部件：打印机、磁带、磁盘、内存、操作系统等。硬件的进步同时拉动了软件的进步，这一时期人们相应地开发出了更高级的程序语言，编程软件业开始兴旺发达，社会上出现了程序员、分析员和计算机系统专家等一些新的职业。

第二代计算机的总体特征是用晶体管代替了电子管，用铁氧磁芯体为主存储器；而外存主要使用磁带、磁盘；计算速度达到了每秒几十万次；程序设计使用了 FORTRAN、COBOL、ALGOL 等高级语言，简化了编程，并且已经建立起了批处理管理程序。

第三代集成电路计算机的年代划定一般认为是 1964～1971 年。

晶体管比起电子管是一个明显的进步，但晶体管的散热量依然比较大，这很容易损害计算机内部的敏感部分。1958 年，一名美国德州的仪器工程师发明了集成电路，这一

电脑的长处是什么？

和人脑相比，电子计算机具有这样一些特点：运算速度快、计算精度高、记忆能力强、自动化程度高、具有逻辑推理和判断能力。因此，与它的这些特点相对应，计算机常用的功能就是：科学计算、数据处理、自动控制、计算机辅助设计、人工智能、计算机辅助教育和信息高速公路。

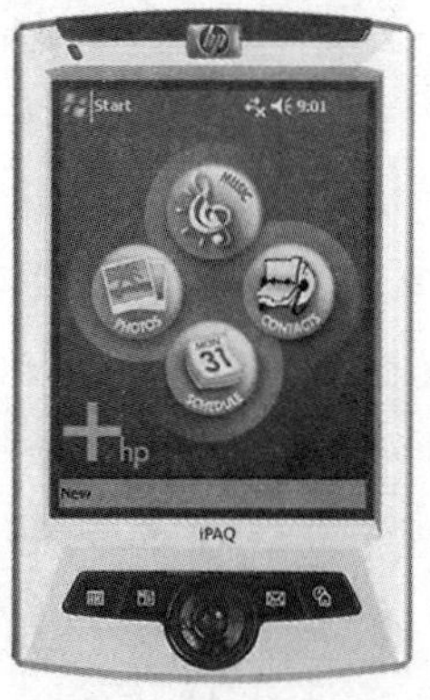

应用了超大规模集成电路，
电脑的体积缩小到掌上

发明就是将三种电子元件结合到一片小小的硅片上。这可谓是电子技术划时代的一天，人们渴望这一天已经太久了。很快，科学家们就使更多的元件集成到单一的半导体芯片上。把这种技术运用到计算机中以后，计算机也就变得更小、更省电、更快了。

随着集成电路技术的发展，可以在几平方毫米的单晶硅片上集中十几个到上百个由电子器件组成的逻辑电路，计算机的运算速度提高到了每秒几十万次甚至几百万次。这一时期另一创造性的发展就是在软件方面使用了操作系统，这使得计算机在中心程序的控制协调下可以同时运行许多不同的程序，运行的效率大大提高了。

1972 年至今被看作是大规模集成电路计

算机时代，也就是计算机发展的第四代。

集成电路出现以后，专家们努力的方向集中在如何扩大其规模上。这一领域突飞猛进，到了20世纪80年代，超大规模集成电路在芯片上容纳了几十万个元件，后来又扩充到百万级。硬币大小的芯片上容纳了以百万计的电子元件，计算机的体积和价格不断下降，而功能和可靠性不断增强。早期的电脑功能实际上在一块硬币大小的集成电路上就能实现。

在第四代计算机之前，计算机技术发展主要集中在大型机和小型机领域，但随着超大规模集成电路和微处理器技术的进步，计

集成电路

腕上电脑表功能十分强大

算机以苗条的体型和低廉的价格进入寻常百姓家。这一时期，不但硬件技术不断地趋向于家用，互联网技术、多媒体技术也得到了空前的发展，计算机真正地开始改变人们的生活了。

1981 年，IBM 推出个人计算机即 PC (personal computer)，用于家庭、办公室和学校。整个 20 世纪 80 年代，个人计算机的竞争使得价格不断下跌，个人计算机的拥有量不断增加，计算机体积继续缩小，从桌上到膝上一直跳到掌上。计算机家用的潮流从此变得不可阻挡。

你觉得计算机对你最大的用途是什么？

计算机是怎么工作的？

计算机究竟是怎么工作的？让我们先从最早的计算机讲起吧。人们在最初设计计算机时采用这样一个模型：通过输入设备把需要处理的信息输入计算机，计算机通过中央处理器把信息加工后，再通过输出设备把处理后的结果告诉人们。

我们前面已经看到了，早期计算机的输入设备十分落后，根本没有现在的键盘和鼠标，那时候计算机还是一个大家伙，最早的计算机有两层楼那么高，人们只能通过扳动计算机庞大面板上的无数开关来向计算机输入信息。而计算机把这些信息处理之后，输出设备也相当简陋，就是计算机面板上无数的信号灯。所以，那时的计算机根本无法处理像现在这样各种各样的信息，它实际上只能进行数字运算。但在当时，就算是这种计算机也是极为先进的了，因为它把人们从繁重的手工计算中解脱出来，而且极大地提高了计算速度。

随着人们对计算机的使用，人们发现直

早期计算机的输入设备比较落后

接对输入数据进行计算，会导致计算机能力低下，尤其是在处理大量数据时就越发显得力不从心。为此，人们对计算机模型进行了改进，在中央处理器旁边加了一个内部存储器。打个比方说，如果老师让你心算一道简单的算术题，你肯定毫不费劲就算出来了，可是如果老师让你算 20 个三位数相乘，心算起来就太费力，但如果你能用一张草稿纸计算的话，就可以把精力用在计算上，而不是用在记忆大串数字上，题很快就能算出来。内部存储器就是计算机的草稿纸。一个没有内部存储器的计算机，无法记住很多中间的结果。但如果给它一些内部存储器当“草稿纸”的话，计算机就可以把一些中间结果临时存储到内部存储器上，然后在需要的时候再把它取出来，进行下一步运算，如此往复，计算机就可以完成很多复杂的计算。

随着时代的发展，人们又感到计算机输入和输出方式的落后，改进这两方面势在必行。

在输入方面，为了不再每次扳动成百上

在发明纸带输入方法的同时，人们也对输出系统进行了改进，用打印机代替了计算机面板上无数的信号灯。打印机的作用正好和纸带机相反，它能把计算机输出的信息翻译成人能看懂的语言，打印在纸上，这样人们就再也不用看那眼花缭乱的信号灯了。

显示器和键盘方便人们看到和输入信息

千的开关，人们发明了纸带机。纸带的每一行都可以表明26个字母、10个数字和一些运算符号，如果这行的字母A上面打了一个孔，说明这里要输入的是字母A，同理，下一行可能是字母H，再下一行可能是数字1。这样一个长长的纸带就可以代替很多信息，这样，人们可以把信息通过计算机打在纸带上，也可以把信息通过纸带输入计算机，就可以随处携带数据了。纸带机一直到20世纪80年代初期才完全退出计算机领域。

键盘和显示器很快被发明出来。同时，计算机的体积也大大地缩小了。键盘和显示器的使用使得人们可以直接向计算机输

打印机也是实现人机交流的工具之一

入信息，而计算机也可以即时把处理结果显示在屏幕上，这样就使得人机对话成了直观的过程。

小问题

为什么有了内部存储器，计算机的效率就提高了？

计算机结构是怎样进一步发展的？

人类对方便性的需求永无止境，科学家继续对计算机的输入和输出系统进行改进。

内部存储器只能临时存储数据，一旦停电，数据也就丢失了。如果在大量输入信息的过程中突然停电怎么办？前面输入的内容不是白费了吗？就算不停电，有些地方也需要改进，例如，人们上次输入了一部分信息，计算机处理了，也输出了结果；人们下一次再需要计算机处理这部分信息的时候，还需要重新输入。这样重复的劳动谁不厌倦呢？这就使计算机又一次得到改进。

这回的改进是引进了一个“外部存储器”，外部存储器的“外部”是相对于内部存储器来说的，在中央处理器处理信息时，它并不直接和外部存储器打交道，处理过程中的信息都临时存放在内部存储器中，在信息处理结束后，处理的结果也存放在内部存储器中。

外部存储器与内部存储器的存储机制是不一样的，外部存储器是把数据存储到磁性

早期用来储存数据的磁性圆片

介质上，例如磁盘，它只有读写的时候才依赖电力，而保存数据是不需要依赖电力的。磁盘一般是将圆形的磁性盘片装在一个方形的密封盒子里，用起来安全可靠。有了磁盘之后，人们使用计算机就方便多了，不但可以把数据处理结果存放在磁盘中，还可以把很多输入计算机中的数据存储到磁盘中，这样这些数据可以反复使用，避免了重复劳动。

可是在使用过程中，人们又渐渐发现，由人工来管理越来越多的文件是一件很痛苦的事情。为了解决这个问题，人们就开发了一种软件叫操作系统。

操作系统是替我们管理计算机的一种软件，它就好像一个善于理解主人意图并积极执行的管家。在操作系统出现之前，只有专业人士才懂得怎样使用计算机，而在操作系统出现之后，只要经过简单的培训，非专业人士也能很容易地使用计算机。因为有了操作系统之后，人们就不需要直接对计算机的硬件发号施令了。在操作系统出现之前，人们通过键盘给计算机下达的命令都是特别专业的术语，而有了操作系统之后，人们和计算机之间的对话就可以使用一些很容易懂的语言，而不用去死记硬背那些专业术语了。

计算机都有哪些输入设备？

最初人们通过扳动计算机面板上的开关向计算机发出指令、输入信息，发展到现在，输入设备的种类可多啦！除了常用的键盘和鼠标以外，扫描仪、光笔、压感笔、手写输入板、游戏杆、语音输入装置、数码相机、数码摄像机、光电阅读器等都属于输入设备。

操作系统的主要功能是在计算机和人之间传递信息，负责管理计算机的内部设备和外部设备。它替人们管理日益增多的文件，使人们能很方便地找到和使用这些文件；它替人们管理磁盘，随时报告磁盘的使用情况；它替计算机管理内存，使计算机能更高效而安全地工作；它还负责管理各种外部设备，如打印机等，有了它的管理，这些外部设备就能有效地为用户服务了。由此可见，操作系统在计算机使用中占有举足轻重的地位。

对于咱们大部分人现在使用的计算机来说，操作系统主要经历了 DOS、Windows 3.1、Windows 95、Windows 98、Windows 2000、Windows XP、Windows 7、Windows 8 这几个发展阶段。在 DOS 阶段，人们输入命令来指挥计算机工作，而到了 Windows 时代，人们只需要用鼠标指指点点就能完成工作。

小问题

停电以后计算机外部存储器中的数据会消失吗？

你了解电脑的计量单位吗？

在以上关于电脑发展的介绍中，我们常常涉及一些电脑常用的计量单位，如果对这些计量单位以及缩写形式不熟悉，很多时候就会出现丈二和尚摸不着头脑的情况，而这些计量单位，有些时候电脑老手理解得也不是那么准确呢。那么，下面我们就一起来学习一下。

首先是表示存储容量的单位：

b：bit，位，计算机中表示信息的最小单位，1 位即一个二进制基本元素（0 或 1）。如字母“A”在电脑中用二进制表示就是1000001，共有 8 个二进制位。

B：Byte，字节，表示存储容量的基本单位，8 个二进制位称为一个字节。

KB：KiloBytes，千字节，也就是 1024 个字节，也是表示存储容量的单位之一。

MB：MegaBytes，兆字节，即 1024 个千字节。

GB：Giga Bytes，千兆字节（吉字节），即 1024 个兆字节。如硬盘容量为 500 GB。不过，对于硬盘来说，人们习惯上的换算关系是用

1000而不是1024，所以我们常说的60 GB的硬盘，其实际容量要少一些，这是一种约定俗成的方式。

TB：Terabyts的万亿字节（太字节），即1024个千兆字节。如某RAID 1磁盘阵列的容量是12 TB。然后我们再来看表示运行速度的单位：

Hz：Hertz，赫兹，一般为波形每秒变化或振动的次数，在计算机中不同硬件对Hz的定义各不相同。在针对CPU时，这个单位用来表示工作频率，但是，这并不代表CPU的运算速度。CPU的运算速度以“次加法运算/秒”来计算，根据运行的指令集不同，同样工作频率的CPU的运算速度可能是不一样的。但是人们习惯用工作频率来比较CPU的运算速度，由于该单位比较小，所以还有下面几种。

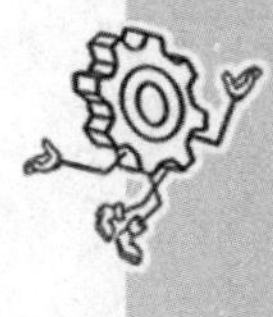

小知识

显示器的显示精度也能用分辨率表示，例如1024×768，就是指整个屏幕横向有1024个像素，而纵向有768个像素。分辨率越高，屏幕的显示精度也就越高。

你知道一张 DVD－R 的容量是多少吗？

kHz：kiloHertz，千赫，1 kHz 相当于 1000Hz，如声音的采样频率有 44 kHz 等。

MHz：MegaHertz，兆赫，1 MHz 相当于 1000 kHz。如 CPU 的运行频率早已达到几百兆赫（MHz）以上。

GHz：GigaHertz，千兆赫，1 GHz 相当于 1000 MHz。如奔腾 4 处理器的工作频率达到了 3.06 GHz。

bit/s：bits per second，位/秒，表示传输速率的单位，一般指的是传输位数，比它大一些的单位有 kbps 或 mbps 等，如网卡的传输速率有 10 Mbps、100 Mbps、1000 Mbps 等几种，就是指的是 10、100、1000 兆位而不是相应的字节数。

最后，我们再来了解打印机和显示器精度的单位：

DPI：Dots Per Inch，指的是每英寸上的点数，DPI是衡量打印机分辨率的一个重要参数，这个值越高，则打印的效果越精细。如500 DPI表示每英寸可打印500个点。另外描述鼠标分辨率时也用DPI表示，它是指鼠标每移动一英寸所能检测出的点数；描述屏幕的分辨率也用DPI表示，但它指的是每英寸面积上有多少像素（Pix）点。

PPM：Pages Per Minute，页数/分，这是打印机打印速度的表示方法，指每分钟可以打印多少页，该值越大表示打印速度越快。

小问题

为什么硬盘的标称容量和实际容量有差距？

为什么说 IBM 与 Apple “爱恨交加”?

电脑早在20世纪40年代就出现了，但那时候的电脑是为军事部门和大型机构服务的。而我们今天接触的大都是个人电脑。个人电脑的发展是同一个个品牌联系在一起的。个人电脑发展的故事，可不能绕过Apple，也就是苹果机的历史。

1976年，21岁的乔布斯和26岁的沃兹尼亚克在乔布斯家的车库里成立了苹果电脑公

Apple Ⅱ

使用 Macintosh 操作系统的 Apple 电脑

司，他们设计出一个非常有意思的标志：一个被咬了一口的苹果。苹果的第一个产品是一种没有键盘、没有机箱、发不出声音、也看不到图像的计算机电路板，他们自己称其为 AppleⅠ，这个其貌不扬、看起来怪怪的家伙就是今天风靡全球的个人电脑的始祖！1977 年 4 月 AppleⅡ正式发布，这是有史以来第一台具备了彩色图形显示功能、配备了键盘和电源、外形颇具魅力的个人电脑产品。它的成功拉开了全球个人电脑市场大发展的序幕。

1980 年，苹果电脑公司又首先在个人电脑世界引入了鼠标，这是一个伟大的创举。

到了今天，鼠标成为每一台个人电脑的必备装置。1984 年，苹果又推出了“大苹果”，也就是使用 Macintosh 操作系统的电脑，并在后来的十多年中不断升级、更新。

可是，苹果公司却没有继续发展壮大，你知道为什么吗？这就是因为苹果没有向业界开放它的技术标准，没有形成一个兼容机产业群，这就使得它后来在与 IBM 公司的个

苹果电脑的操作系统有什么特点？

苹果电脑上使用的是 Macintosh 操作系统，简写作 Mac，这与我们现在常用的 Windows 是不一样的。发展到 Mac OS X 系列，这个基于 Unix 的核心系统增强了系统的稳定性、性能以及响应能力。它能通过对称多处理技术充分发挥双处理器的优势，提供无与伦比的二维、三维和多媒体图形性能以及广泛的字体支持和集成的 PDA 功能。总之，“易用”是它的核心理念。

IBM 5150 型个人电脑

人计算机的竞争中节节败退，逐渐失去了在个人计算机业的主流地位。于是，苹果产品的使用慢慢地被局限在平面设计、桌面出版等少数领域，自己给自己筑起了围墙，把自己的发展范围给限制住了。

下面就要说到 IBM 的个人电脑了。

早在1945年，IBM就首次踏入了计算机领域，在大型机的市场上，它一直是整个市场的领导者。20世纪70年代末，面对微型电脑市场的成长，它决定介入这一市场，不过与苹果不同的是，IBM决定采用“开放”政策，借助其他企业的科技成果，形成“市场合力”。1981年，它决定联合微软与英特尔共同开始生产民用微型计算机，也就是后来的个人电脑。这一年，IBM正式推出了5150，这是一台真正意义上的个人电脑，它的CPU是英特尔8088，主频为4.77 MHz，内存只有64 KB，而操作系统是微软出品的DOS 1.0。

IBM的个人电脑最具革命意义的创造在于，它是开放式标准的，IBM公开了所有的技术细节和设计秘密，它从微软那儿注册了操作系统，又从英特尔那儿购买了CPU芯片，并且允许微软与英特尔将产品再卖给别的企业。IBM将把技术文件全部公开，表现出了热诚欢迎同行加入个人电脑发展行列的姿态。IBM的这种举动，无论它的立意是什么，在效果上不仅使广大用户认可了个人电脑，而且促使全世界各地的电子、电脑厂商争相转产个人电脑，仿造出了大量的IBM个人电脑的兼容机。IBM这一政策使得自己在20世纪80年代成为个人电脑市场的绝对优

IBM 总部大楼

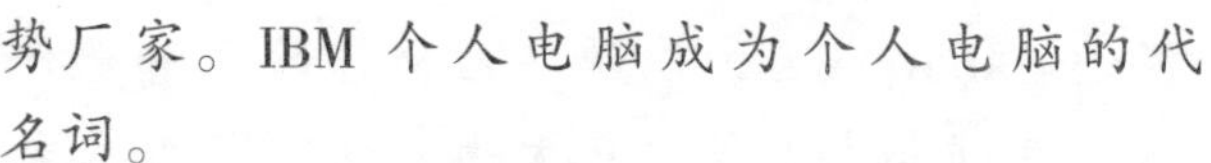

势厂家。IBM 个人电脑成为个人电脑的代名词。

1987 年 4 月，IBM 公司以为对“市场合力”的利用已经到头，可以收网钓大鱼了，于是出人意料地走出了一步“臭棋”。它的经营思路突然从开放走向保守，开始防止别的

个人电脑商仿造 IBM 产品。IBM 推出一种新总线技术，不允许以前的总线技术兼容，甚至自己研究起新的操作系统和 CPU 芯片。然而，这时候的市场已经是群雄并立，以康柏公司和英特尔公司为首的电脑商联手开发了 386 电脑。很快，兼容机厂商就占领了大部分全球市场，超过了 IBM 公司本身。20 世纪 90 年代以后，IBM 就失去了在个人计算机市场上的垄断地位。

我们不应该忘了 IBM 公司的功绩，正是它的开放政策激发了“组装”个人电脑产业的成长，促使个人电脑真正走入普通人家。而且，个人电脑也逐渐从普通的台式电脑演变成后来的笔记本电脑、多媒体电脑、网络个人电脑、可穿戴个人电脑，掌上个人电脑。IBM 在个人电脑方面虽然失去了垄断地位，但是，它有意识地把业务向着利润巨大的高端集成方向发展，还是在世界 IT 行业占据着举足轻重的地位。

那么苹果的命运又怎么样了呢？

1997 年 9 月，乔布斯重新回到一度离开了的苹果电脑公司，担任临时 CEO，他对当时深陷困境的苹果公司进行大刀阔斧的改革，抓住了互联网浪潮带来的机遇，相继推出了 Power Macintosh G 系列、iMac、iBook 等一系列划时代产品，不仅让苹果电脑公司起

苹果公司推出的 Power Macintosh G3

死回生，从赤字累累奇迹般地变为连番获利，重新回到了全球信息技术潮流领袖的地位，而且带动了全球个人电脑与信息技术产品时尚化、易用化的新潮流。

跨入新世纪，苹果公司在乔布斯领导下更是在多媒体市场上屡建奇功，它发布的系

列 MP3 随身听 iPod 风靡世界，它为自己的随身听打造的网络音乐 iTunes 也使得网上收费音乐服务成为流行，这些年轻人的挚爱都为苹果公司创造了巨额利润。而 2006 年，苹果公司竟然一转以前的态度，开始生产使用英特尔处理器、可以兼容微软操作系统的苹果电脑，这次革命也得到了消费者的支持和赞美。近些年来，在个人电脑领域 Mac 机的市场占有率也在逐年上升。

小问题

IBM 公司戏剧化的命运给你带来了什么启示？

笔记本电脑是怎么来的？

你可能已经对笔记本电脑司空见惯了。你知道吗？其实笔记本电脑刚刚 20 多岁，正处在朝气蓬勃的青年时期呢！

“笔记本电脑”这个名字诞生在 1992 年，当时的便携式电脑的体积发展到和 16

Osborne 1 便携电脑

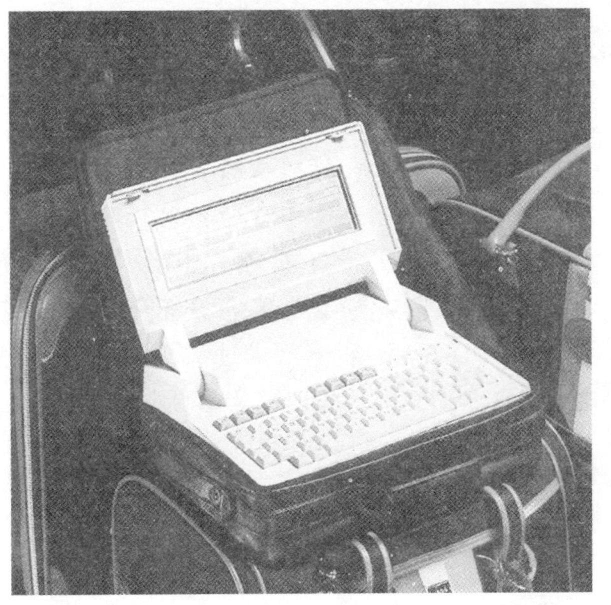

HP－110 膝上型计算机

开的笔记本大小差不多，因此被称为笔记本电脑。1981 年，Osborne 公司发布了一款名为 Osborne 1的便携电脑。它采用的是 4 MHz 的微处理器，配备了 64 KB 的内存，用的是 5 英寸的黑白显示器。它配备了外接电池组，使它更便于移动。所以又有人把这款便携电脑认作是世界上首款真正的便携式电脑。这台电脑实际上是一个不轻的大箱子，不过总算可以到处拎着走了。1984 年惠普公司发布的 HP－110 膝上型计算机是笔记本电脑和台式机之间的过渡机型。它展示了膝上型电脑也可以具有台式机的优秀性能。直到 1985 年以前，问世的便携电脑屈指可数。

一般业界公认的世界上第一台真正意义上的笔记本电脑是由日本的东芝公司在 1985 年推出的一款名为 T1100 的产品。它采用英特尔 8086 CPU，主频不到 1 MHz，512 KB 的内存，并带有 9 英寸的单色显示屏，可以运行 MS－DOS 操作系统。不过它需要依靠外接电源运行。T1100 推出后，立刻引起业界人士的广泛关注。从此，笔记本电脑一发而不可

笔记本电脑有哪些类型？

分类标准不同，分出来的类别自然也不一样。按照笔记本的大小来分类比较简单，可以分为 8.9 英寸的迷你型、10.6 英寸的超轻薄型、12.1 英寸的轻薄型、14.1 英寸的全尺寸型以及 15 英寸和 17 英寸的台式机代替品型。一般来说，尺寸小的笔记本走的是轻薄路线，而大尺寸的笔记本走的则是功能强、运算快的路线，孰优孰劣就取决于你的需要了。

东芝公司推出的 T1100 笔记本电脑

收拾，各种各样的新技术、新产品纷纷出现，市场得到了全面快速的发展。

1987 年，康柏公司发布的 Portable Ⅲ便携电脑首次将 VGA（Video Graphics Array）视频图形阵列标准带入了便携电脑的行列。这款便携电脑采用了单色显示器，分辨率提升到了 640×400，而且屏幕可以在一定范围内上下翻转，让使用者随时调整到最佳角度。这也是首款能调整显示器角度的便携电脑。

1989 年苹果公司推出的第一款苹果笔记本电脑也值得一提，因为它在当时的市场上性能大大超出了其他便携电脑。这款笔记本的内置电池可以维持运行 6～12 个小时。可它的体重高达 7.1 千克，恐怕没有多少人会愿意拿着这样的笔记本跑来跑去吧。

从总体上说，20 世纪 90 年代前后的笔记本电脑在设计方面已经颇具“现代品味”了，很少再有皮箱式的夸张设计，在功能、速度、屏幕上也都有了相当大的改进。这段时间的突破性发展莫过于开始采用内置硬盘，这让笔记本拥有更高的数据储存容量，功能也开始能与同时代的台式机一较高下了。

进入 20 世纪 90 年代以后，第一台彩色显示屏的笔记本电脑问世。到了 1994 年，出

康柏公司发布的 Portable Ⅲ便携电脑

IBM Think Pad 755 笔记本电脑

现了第一台配置奔腾处理器的笔记本电脑。同年 IBM 又推出了世界上第一台带有 CD－ROM 驱动器的笔记本电脑 IBM Think Pad 755cd。紧接着 1995 年出现了世界上第一款支持多媒体功能、第一个采用 12.1 英寸 VGA 高分辨率显示的笔记本电脑。到了 1996 年以后，CD－ROM 开始大量装备到笔记本上。1997 年 Think Pad 770 又成为世界上第一款带有 14.1 英寸彩色显示器和 DVD 驱动器的笔记本电脑。

支持多媒体处理就意味着笔记本电脑开

始从商用走向更为广阔的多元化市场，此时的笔记本电脑开始把高贵的目光投向普通大众。

随着技术的进步，CPU 厂商开始为台式机和笔记本电脑提供功能考虑不同的 CPU，形成了两条阵线分明的产品线，英特尔在笔记本 CPU 市场占有绝对的优势。英特尔的笔记本 CPU 的制造工艺比台式机 CPU 更为先进，工作电压更低，功耗更小，更耐高温，同时还有更小的封装面积，这就意味着可以塞到更小的空间里去，从而有效地缩小笔记本电脑的体积。

最近的十年时间是笔记本电脑有史以来发展最快、淘汰周期不断缩短的阶段。英特

最新的英特尔双核移动处理器

尔公司不断发布新的笔记本 CPU 来拉动笔记本电脑的更新换代。仅从迅驰平台来看就很能说明这种变化的节奏。迅驰一代还未很好地发挥功效，Dothan 处理器就将准迅驰二代进入市场，还没等准迅驰二代站稳脚，迅驰三代平台也全面铺开了。时至今日，高端笔记本电脑大多已配置四核主频高达 3 GHz 的 CPU，8 GB 内存，完全可以和台式机性能一较高下了。另外，笔记本的价格也在这个阶段一再崩盘。原本天价的笔记本不断自贬身价，“万元以下不再是神话”，5000 元以下的已经很普遍了。

至于主流配置的笔记本电脑通常配备双核 CPU，2 GB 以上内存，500 GB 以上硬盘，家用型多配置有摄像头、麦克风以及悦耳的音响，还能通过 USB 2.0 接口、1394 接口以及读卡器和外部交换数据，俨然是一台便携的媒体中心！

为什么笔记本电脑发展越来越快？

平板角逐，谁领风骚？

现在很多朋友都梦想有一台属于自己的平板电脑吧？平板电脑，就是一种小型的、方便携带的个人电脑，它以触摸屏作为基本的输入设备，而不必依靠传统的键盘或鼠标。平板电脑使用起来更像传统的书纸，手写识别、屏幕软键盘、语音识别或者一个真正的键盘都可以进行输入，人机界面太友好了。平板电脑的出现改变了我们使用电脑的习惯，电脑变得更加易于操作，功能也进一步增加。

其实早在 1964 年就出现了平板电脑的原型——RAND。这款平板电脑采用了无键盘

RAND 平板电脑

Dynabook

设计，还配有数字触笔。使用这支触笔，用户可以轻松地使用电脑，可以进行菜单选择、图表制作，甚至编写软件等操作。这款平板电脑在当时的售价高达 1800 美元，放到今天那是天价。由于售价过于高昂，RAND 使用的范围并不广泛，只是作为一款概念产品昙花一现。RAND 虽然没有走入千家万户，但却是真正意义上的的首款平板电脑，它把以前人们在科幻电影中才能看到的东西带到了现实。

艾伦·凯在 1968 年提出了电子书的概念，名为 Dynabook。艾伦所想像的 Dynabook 是一台可以带着到处走的电脑。艾伦·凯是一位计算机研究员，他所设想的 Dynabook 主要使用者是小孩，设计目的主要是帮助小孩更加高效地学习。为了发展 Dynabook，艾伦甚至发明了专门的编程语言，并发展出了最初的图形用户界面（GUI），这其实也是后来苹果麦金塔（Macintosh）电脑的原型。

平板电脑的命名最早则是由微软公司的比尔·盖茨提出的，当年的平板电脑概念就是一款无须翻盖、没有键盘、小到放入女士手袋，但却功能完整的个人电脑。但是，当时的硬件技术水平还并不成熟，平板电脑的操作系统很蹩脚。人机界面不够友好，用户满意度就低。到了2001年，比尔·盖茨第二次提出了平板电脑概念，微软公司也适时地推

Windows XP Tablet PC

小知识

平板电脑产业应用有什么特点呢?

平板电脑所具备的特点，主要是把它与手机和笔记本电脑两种主流移动设备进行对比的。平板电脑拥有传统电脑的大部分功能，支持手写（笔、手指）输入，支持显示输出，具备数据处理、图形处理能力。体积、重量较小，方便随身携带，并且可长时间手持使用。

平板电脑拥有 Edge/3G/4G/Wi－Fi等无线网络模块，可以在覆盖上述信号的区域进行无线网络连接。作为云计算应用终端设备，它具备更丰富的应用功能和更广泛的适用范围。

出了专为平板电脑设计的 Windows XP Tablet PC 版操作系统，使得一度消失多年的平板电脑产品再次走入人们视线。Tablet 系统建立在 Windows XP 专业版基础之上，用户可以运行兼容 Windows XP 的软件。这样一来，各大计算机厂商就纷纷推出了平板电脑，不过大多是笔记本电脑的改进型，也就是屏幕可以翻转，扣在键盘上。这一时期在平板电脑操作系统上微软公司一家独大，平板电脑也获得了第一次高速发展。

苹果公司的 iPad

平板电脑真正火爆起来是在 2010 年。苹果公司推出了划时代的产品——iPad 系列。iPad的定位介于苹果的智能手机 iPhone 和笔记本电脑 Macbook 产品之间。iPad 的设计非常简洁，机身只有四个按键，与 iPhone 的布局一样。设计简洁功能可不简单，人们可以通过 iPad 实现笔记本电脑的大多数功能，如：浏览互联网、收发电子邮件、阅览电子书、播放音频或视频等。

iPad 最强大的地方在于它可以长时间地待机，电池可以撑 10 个小时，大大高于一般的笔记本型的平板电脑。它的触控功能极其灵敏，用户在触摸过程中感觉十分便利。软

件方面，由于 iPad 的软件和 iPhone 兼容，因此，它一上市，就有了无数有趣又实用的软件。iPad 的出现重新定义了平板电脑的概念和设计思想，苹果公司的乔布斯再一次凭借对消费者心理的掌握和天才的设计取得了巨大的成功。平板电脑从此真正成为了一种巨大的市场需求。而 iPad 的成功也吸引了众多的电脑厂商进入到这一轮角逐中。

以戴尔、惠普为代表的个人电脑厂商分别推出了 Streak、TouchPad。以摩托罗拉、黑莓、三星等智能手机厂商为代表的则推出了 XOOM、PlayBook 与 GLALXY，尺寸方面又分为小尺寸便携型与大尺寸实用型两个派系。国产品牌也不甘示弱，以联想、汉王、

New iPad 的视网膜屏让人印象深刻

摩托罗拉推出的 XOOM

联想推出的乐 Pad

同方为代表的国内 IT 厂商也发布了多款平板电脑，乐 Pad、TouchPad B10、E 人 E 本等，而山寨企业的平板更是种类繁多，数不胜数。不同的硬件厂商也着手用户细分，加强自身产品的核心竞争力。各家软件厂商则努力在各个平台上设计有自身特色的软件接口。

作为软件界的巨头，微软公司终于在 2012 年 10 月推出了彻底为平板应用设计的系统 Windows 8，这意味着平板电脑将成为未来家用电脑发展的主要方向，平板电脑的黄金时代到来了。

Surface 平板电脑

小问题

平板电脑可以用键盘进行输入吗？

电脑的未来会怎样？

美国在20世纪60年代曾在电视上播出过一部未来派动画片《杰特逊一家》，受到了观众的一致欢迎。这部动画片幻想：所有的家用电器都会根据需要自动开关；计算机通过用户的口令或电话就能自动在电子版黄页上搜寻比萨店，然后做出订购等。你是不是会觉得当时人们的“宏伟”目标有点可笑？今天回顾起来，影片的超前性真让人敬佩！

计算机将向哪里走？专家的意见是，我们将面临一个更便携、功能更强大的计算机时代。

IBM 平板电脑

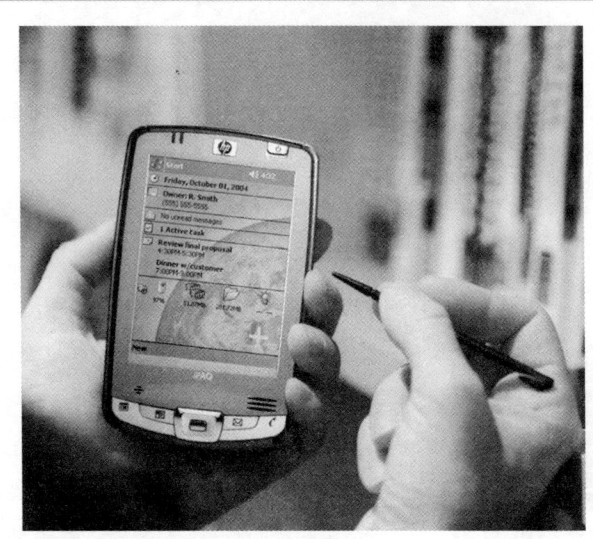

无线掌上电脑

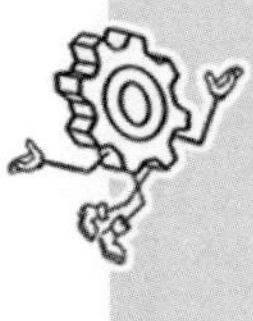

今后，电脑也将变得越来越个性化。电脑发展早期阶段的兼容机，清一色的标准配件，就连外形也是中规中矩，颜色也只有单一的白，连黑色都非常少见。而随着现代人们生活水准的提高，许多造型新颖、色彩艳丽的产品出现在市场上，可以想见，它们吸引了更多用户的眼球。通过口令对计算机进行操控也会变得司空见惯。

个人电脑将如同孙悟空的金箍棒，一变而至手表般大小，成为我们衣着的一部分，传统的输入设备如键盘和显示屏将不再存在。用户只需要用手指触摸就能操纵中央处理器，而类似眼镜一样的设备就取代了显示屏。那

时候，计算机灵活性将超过目前使用的手提电脑。我们也不再需要传统的电源，因为太阳能、风能和机械运动产生的能量都可以作为计算机能量的来源。

计算机的运行速度到底应该有多快，前几年人们曾经有过争论。有人曾经推测，互联网用户数量的爆炸式增长将使原先以本地应用为主的个人电脑退化为互联网接入设备，进而沦落为互联网的附属品，所以对计算机处理器速度的要求将不再强烈。但事实打破了这种说法，由于互联网向着高速、宽带的方向发展，多媒体逐渐成为最激动人心

计算机的发展趋势有哪些？

简单地说，计算机发展的总趋势可以概括为这样几个：巨型化、微型化、网络化、智能化和多媒体化。其中，巨型化是用在天文、气象、地质、核反应堆等尖端科学方面的，而微型化是指我们个人使用的电脑正在变得越来越小，网络化、智能化和多媒体化则是大型计算机和个人计算机共同的发展趋势了。

色彩绚丽的机箱足以显示使用者的个性

的应用，这也要求个人电脑的功能和速度有更快的提升。

美国科学家正在研究一种量子计算机，它利用一种链状分子聚合物的特征来表示开与关的状态，利用激光脉冲来改变分子的状态，使信息沿着聚合物移动，从而进行运算。光子计算机也在研究之中，我们知道，电脑的速度取决于其组成部件的运行速度和排列密度，而光子这两方面都很理想。光子的速度是宇宙中最快的速度，比电子要快得多。目前，光子电脑的许多关键技术，如光存储技术、光互联技术、光电子集成电路等都已获得突破，成熟的光子电脑指日可待。

在提倡保护环境的今天，“绿色电脑”这

一名称的出现并不意外。不过真正的绿色电脑，不仅应该低辐射、低能耗，更应该是一种可回收而且不污染环境的电脑。就是说，它不仅应对人体及环境的各种危害降至最低点，而且也要考虑到制造电脑时可能产生有害于生态环境的物质和电脑报废以后残余的物质，能够回收反复利用才是最理想的。

你用的第一台电脑多半是台式的吧？你相信吗？台式的个人电脑在未来将会成为古董而被送进博物馆了。除了用在大工厂中的高端服务器之外，手提电脑将取代台式机用来满足各种类型的需求。未来的手提电脑将会向更加小型的手写化发展，通过触摸而不是通过鼠标进行操作是适应工作发展的一个趋势。人们在开会时不会再听到敲击键盘的

也许有一天，光会在计算机中大显身手

全球进入超级本时代

声音，平板笔记本电脑真正成为手写笔划的笔记本了。

最后，如果用一个词来概括电脑的发展趋势，那就是越来越“傻”。当然不是说电脑变得傻了，而是操作越来越简单了。其实，个人电脑操作的容易程度始终是人们关注的焦点。因此，未来的电脑应该能让那些从未接触过电脑的人不需经过专业培训就能操作。只有这样，个人电脑才能得到真正的发展，最终成为人们理想的好帮手。

小问题

你希望你的电脑具有哪些个性化特征？

第二篇
打开电脑看硬件

二十多年以前，拥有一台家用电脑对大多数人来说还是一个可望不可即的梦想，那个时候，使用电脑都要换上防静电拖鞋。可是，好像一夜之间，电脑出现在每一个人的手边。鼠标可以“无线”了，键盘变成防水的了，甚至出现了 USB 加热器，你可以放一杯热茶在它上边而完全不必担心茶水变凉了。

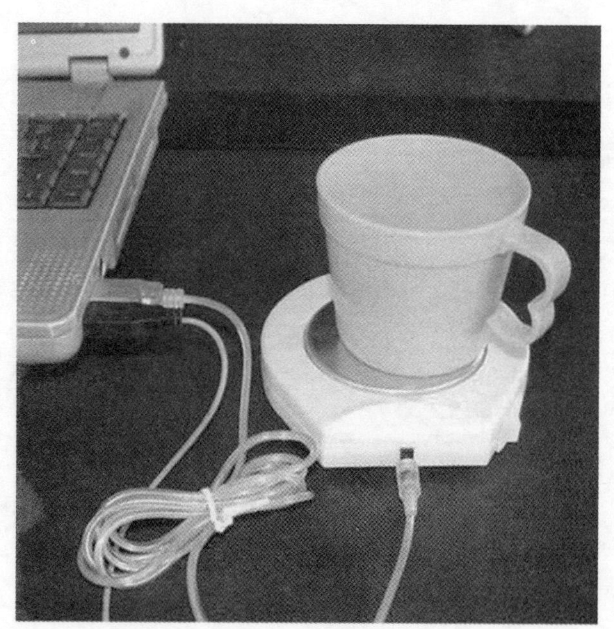

如今，USB 设备甚至可以给热茶水保温

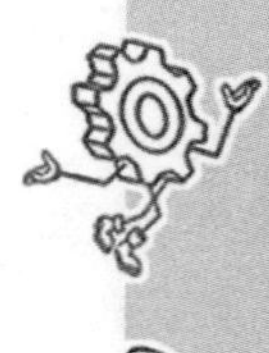

现在多数小学生都接触过电脑，不少人甚至还是“足球世界杯”或者“星际争霸”的高手。可是，说到电脑的基本结构，或许许多人就要抓耳挠腮了。如果有人问“电脑游戏是存在显示器里还是存在主机里面?”恐怕会有很多朋友就只能乱猜一通了。现在，就请你跟着我们的脚步，让我们一步一步把电脑的各个部分看个清楚吧。

电脑由哪些部分组成？

一说到个人电脑，你脑子里浮现出来的形象是什么样的呢？

你首先想到的大概是个方方的盒子吧。这个大大的或者横躺着或者直立着的金属盒子就是主机，电脑的所有计算工作是在主机

电脑主机

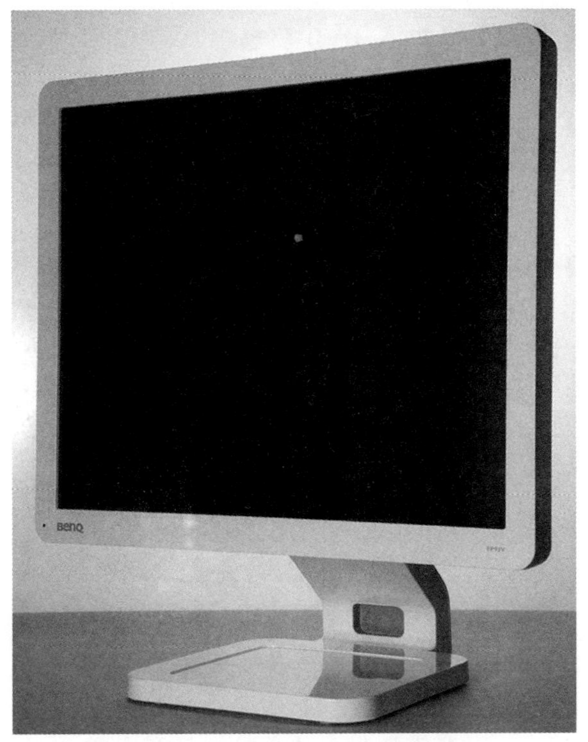

液晶显示器

里面完成的。一般主机面板上有电源开关和重启动的按钮。开关按钮个头大，很容易找到。重启动按钮是在电脑死机的时候用的，它比较小，而且常常藏在小小的凹槽中，这是为了避免用户不小心碰到。要知道，如果在工作的时候碰到了它，那所有没保存的数据可就都完蛋了。

一般主机面板上还有光盘驱动器。现在

的电脑大多配备 DVD 驱动器，可以用它安装软件，播放 DVD 电影，刻录光盘备份数据。很早之前的电脑还配备了软盘驱动器，可以读写软盘，但是现在它很少被用，有些机器已经取消了这个配置。在下一个小节里，我们还要打开这个神秘的盒子给大家好好看一看。

除了主机以外，最显眼的就是看起来和电视机差不多的显示器了。显示器是电脑的

关闭电脑有什么学问?

电脑不同于普通电器，在关机之前，我们需要通知操作系统：“我们要关机了。”这样，它就会把需要保存的信息都保存在磁盘上。所以，以往在关机的时候，我们都要等它告诉我们“现在可以安全地关闭计算机了”的时候，才可以按下电源开关切断电源。不过发展到现在，计算机普遍采用了一种叫作 ATX 的结构，你一通知操作系统要关机了，它就会自动保存信息，保存完之后再自动把电源切断。

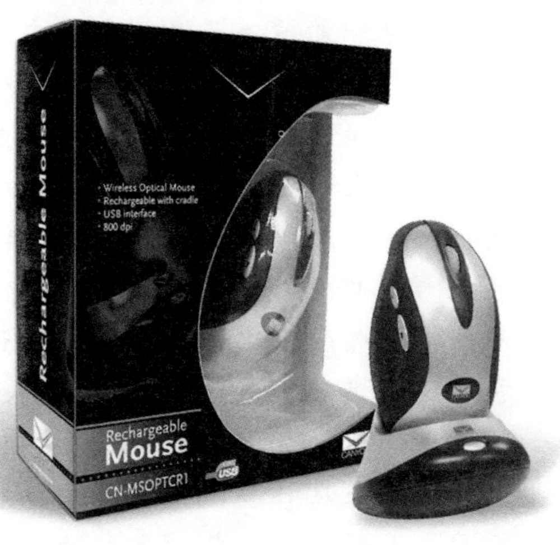

鼠　标

脸面，也就是和人进行交流的窗口。电脑主机内部计算的结果通过显示器显示出来。我们就知道指派给电脑做的工作是不是顺利完成了。显示器把主机内部的数据活动情况形象地传达出来，我们通过键盘和鼠标对电脑发出命令，这就叫作“人机交流”、“人机互动”。显示器后面一般都拖着一条长长的尾巴——信号线，和主机相连接。主机通过这条信号线把显示图像的指令传达给显示器，这样显示器就显示出各种各样的画面来了。显示器只是忠实地显示主机传递来的信息，可是在主机工作出问题的时候人们却常常对着显示器抱怨，实在是冤枉了它。

键盘是电脑的输入设备。电脑本身不能自己思考，它所有的活动都要根据我们的指令来进行。例如，我们想把自己的思想存储到电脑里，并且让电脑来处理，我们就得通过键盘把文字录入电脑主机的存储器里面，然后我们再对电脑发出指令来指挥它运作。键盘是我们在电脑上工作的最重要的设备之一，尽管还有其他一些方式可以输入指令，例如通过直接对电脑说话来指挥电脑做事情。这些技术现在正在日趋成熟。最初电脑经常会听不懂主人说什么，要对主人的方言适应好久才行。现在它可变得机灵多啦。

如果在电脑前长时间地敲键盘，就会感到很劳累。为了减轻这种劳累，人们又根据生物工程学的原理，设计出了“人体工程学键盘”。这种键盘并不是平板状，而是一个很大的弧形，中间部分的按键向两边倾斜。这种形状更符合手腕自然放置的形态，能够减轻疲劳。

在个人电脑的早期，人们主要是通过键盘来指挥电脑的。那个时候，所有的工作都要记住特定的指令。例如，如果你想删除一个文件，就要打一个“del”的命令，要复制一个文件，就要打一个“copy”的命令。这显然很不方便，学起来也挺费劲儿的。后来，苹果电脑率先做出改进，让所有指令都在屏

普通键盘

幕上用点击图标的方式来完成，用户只要移动点击器把屏幕上的“小箭头”移动到代表那个功能的地方，点一下就可以了。那么，为什么人们把点击器称作鼠标呢？看看吧，它有圆圆的身体，后面还拖着长长的尾巴，形状是不是很像是一只小老鼠？它应该算是电脑零件中最卡通、最可爱的部分。有了鼠标，几乎所有人都可以非常方便地使用电脑了。因此，鼠标的发明被誉为20世纪最富有创意的发明。

好啦，如果依照专业的角度分析，计算机的硬件系统是由运算器、控制器、存储器、输入设备和输出设备五个部分组成，不过我们要是从直观印象去观察的话，一台电

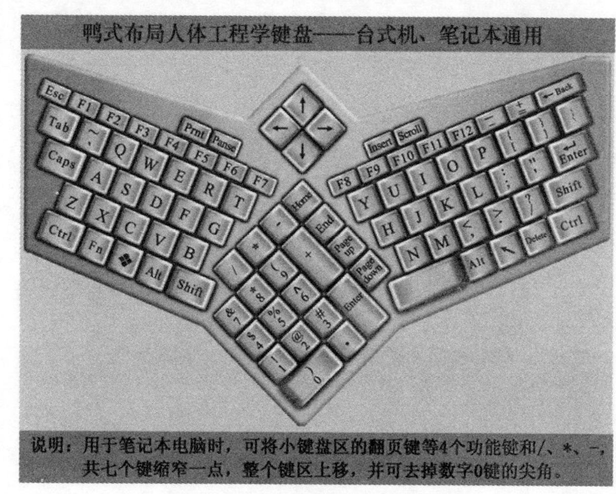

有些人体工程学键盘实在夸张

脑就是由主机、显示器、鼠标、键盘组成的。要把电脑看个仔细，就请看我们后面的介绍吧。

小问题

在主机、显示器、鼠标、键盘中哪个是电脑的输出设备？

你知道的显示器有几种?

大家都看到，电脑的显示器的色彩很鲜艳，而且图像格外地清晰。是啊，电脑显示器的清晰度和色彩逼真程度都是电视机不可比拟的。那么，对于以下几种显示器你都认识吗?

CRT 显示器

（1）CRT 显示器

CRT（Cathode Ray Tube，阴极射线管）显示器就是我们以前常用的一般显示器，它的个头不小，形状像是电视机。它是将电信号转换成视觉信号的一种装置。这种显示器使用显像管显示技术，在屏幕内表面有荧光粉，屏幕后部的电子枪向前方发射阴极射线，荧光粉就发光构成我们看得见的图像。好一些的 CRT 显示器能够逐行显示 1600×1200 分辨率的图像，就是说，整个屏幕的图像由 1600×1200 个点构成，这种清晰度相当于普通彩电的 10 倍以上。但是 CRT 显示器现在已经逐

LCD

什么叫分辨率？

显示器屏幕上的字符和图形是由一个个像素组成的，而像素的多少就用分辨率来表示。目前常用的显示器分辨率有 800 × 600 像素、1024 × 768 像素、1280 × 1024 像素等。分辨率越高，清晰度就越好，显示的效果也就越好。选择显示系统的时候要综合考虑显示器和显卡的性能，两者之间应该相互匹配。

渐被 LCD 取代了，现在就让我们来看看吧。

（2）LCD

LCD（Liquid Grystal Display）是液晶显示器的简称。LCD 使用了全彩显示技术，而且其原理简单易懂。从结构上讲，LCD 的显示屏由液晶组成，在显示屏的后面有 2～4 根灯管，这些灯管在工作的时候始终是发光的，显示屏的四周都是控制发光的电路；显示屏上有很多液晶的发光点，由于电光效应，控制了每个液晶点发出不同颜色的光，这样就产生丰富多彩的颜色和图像变化。LCD 一

般很薄，非常节约空间。

(3) PDP

PDP (Plasma Display Panel) 也就是等离子显示板，是继 CRT 显示器、LCD 后的最新一代显示器。简单说来，就是在两块平板玻璃中封入电离发光的气体，并在玻璃板上的透明导电极之间通过电场作用使气体电离发光。PDP 的特点是厚度小，清晰度也很高，占用空间少，而且色彩、亮度和对比度也比液晶显示器好得多。一般 LCD 色彩比较僵硬，亮度和对比度也很有限，而 PDP 不受磁场影响，又不像 CRT 显示器那样存在放射问题，算是

PDP 显示器

触摸式显示屏

一种理想的显示器。不过，提高 PDP 的清晰度很不容易，所以，目前它还很少用在电脑上，大部分时候都是出现在公共场所播放信息提示。

另外，你一定见识过触摸式的屏幕吧?现在银行、机场很多地方都安装了触摸屏让顾客方便查询信息。屏幕上列出菜单，用手指点屏幕后，电脑马上执行菜单的程序。触摸式屏幕一般是在显示屏幕上贴一块有导电或电磁感应的透明片，有些则依靠屏幕边上的红外光线来感应人手指点的位置。不管是传统的显像管显示器，还是 LCD 和 PDP，都可以做成触摸屏。触摸屏是一种最容易学习、

液晶触摸屏也可以应用在电话上

最方便使用的计算机输入设备。随着多媒体技术的推广和应用，触摸式屏幕的应用也日益广泛。

小问题

你认为哪种显示器显示的效果最好？

光驱和光盘是做什么用的？

现在的机械硬盘很容易发生故障，如何能保障数据的安全性呢？一个好的办法就是用可刻录光驱刻录光盘进行备份。那就让我们先来认识一下电脑的大舌头——光驱。电脑的光驱往往可以和主机分离，所以它又被称为“外存储器”。

大家对光驱这个东西并不陌生，人们往往还不知道什么是驱动器的时候就已经会用

音乐 CD

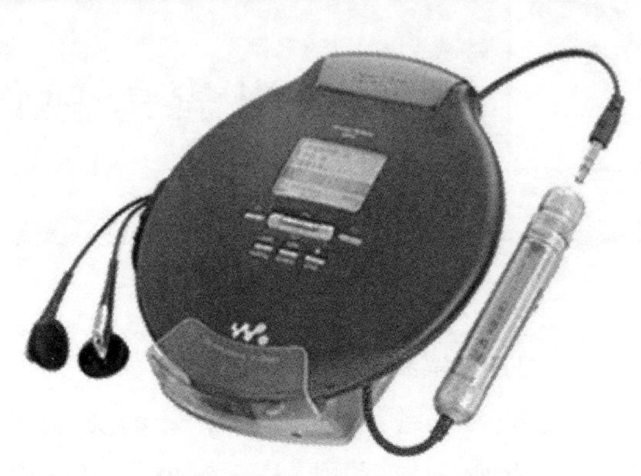

便携 CD 唱机，如今已经不常见了

光驱来打游戏，看影碟了。光驱是电脑的辅助存储设备。当光驱刚刚被发明出来的时候，它的速度只有 1 速（1 X），和现在的 40 速、50 速的光驱简直没法比，大家想象一下，你要是用一个 1 速的光驱来玩“魔兽争霸”游戏，在游戏开始之前的等待光驱读取数据的时间是现在的 40 倍到 50 倍，也就是大约半个小时，那该是多么痛苦的一件事情？

光盘驱动器通常分为使用 CD（Compact Disk，光盘）和使用 DVD（Digital Versatile Disc，数字多功能光盘）两种。常见的 CD－ROM（Compact Disc Read－Only Memory，只读光盘）的容量约 650MB，它是利用原本用于音频 CD 格式发展起来的。追根溯源，这种光盘最早出自播放音乐的 CD，是由著名的消费电子企业飞利浦公司发明的。飞利浦公司在 20

世纪70年代末制出了第一张CD。这张光盘用纯净的聚碳酸酯塑料制成，重不过18克，厚不到1.2毫米。中心有一小孔，表面则喷镀了以分子为单位的金属铝反射层，就像一张纯银的镜片。放在显微镜下观察，光盘表面布满着微小的“信息坑”，一圈圈密密麻麻地排列着，总长度达到5000米。据说，在首届CD展示会上，柏林爱乐乐团指挥卡拉扬对CD大加赞誉：“这才叫真正干净清纯的音质，在CD面前，所有的产品都变成了老式的煤气灯。”

1995年，一种新型“数字化视频光盘”——DVD又成了万众瞩目的焦点。简单地说，DVD就是一种容量更大，速度更快的CD，它可以存放计算机的数据，也可以存放影音信息。这种新型的海量存储器，单面单层容量即达4.7 GB，足以存放135分钟的电

DVD 光驱

你知道光盘的读写速度单位是什么吗？

光驱速度是用 X（倍速）来表示的，这是相对于第一代光驱来讲的。比如说 40 X 光驱，其速度是第一代光驱的 40 倍。第一代光驱的速度近似于每秒 150 KB，那么 40 X 光驱的速度近似于每秒 6000 KB。DVD－ROM 单倍速读写速度是每秒 1358 KB；蓝光 DVD 的单倍读写速度是每秒 4.5 MB。

影，而双面双层的 DVD 则可以轻松地存储长达 4 小时以上的电影节目，容量可达 17 GB。因为容量大，采用 DVD 存储的电影不仅可以支持多种语言，还提供了 8 个声道，用来产生环绕立体声。用 DVD 存放的影片可以有多个故事情景，同时可以有 9 个拍摄角度供播放。它的统一的数据格式统一家庭娱乐，计算机及商业信息，最终可以替代音乐 CD、录像带、激光视盘和计算机使用的光盘。

相应的，DVD 光驱则是一种可以读取 DVD 碟片的光驱，除了兼容 DVD－ROM、DVD－VIDEO、DVD－R、CD－ROM 等常见的

格式外，对于 CD－R/RW、CD－I、VIDEO－CD、CD－G 等都能很好地支持。

1998 年，飞利浦与索尼公司率先发表了新一代光盘的技术论文，并着手开发单面单层实现 23 GB～25 GB 的技术方案，给业界带来了一个惊喜。到 2002 年 2 月 19 日，以索尼、飞利浦、松下为核心的联盟共同发布了 0.9 版的蓝光（英文简称 BD）技术标准。到目前为止，蓝光是世界上最先进的大容量光盘格式，容量达到 25 GB 或 50 GB，在速度上，蓝光的单倍 1 X 速率为 36 Mbps，即每秒 4.5 MB 数据，允许进行 1～12X 倍速的记录速度。现在市场上蓝光刻录光盘的记录速率规格主要有 2 X、4 X、6 X，但是我们

DVD－R 刻录碟

外置蓝光光驱

相信随着技术的发展也将出现高达 40 X 的蓝光光盘。蓝光光盘拥有一个异常坚固的层面，可以保护光盘里面重要的记录层。飞利浦的蓝光光盘采用高级真空联结技术，形成了厚度统一的 100 微米（1 微米 = 1/1000 毫米）的安全层。飞利浦蓝光光盘可以经受住频繁的使用、指纹、抓痕和污垢，以此保证蓝光产品的存储质量数据安全。

蓝光的出现，意味着全球的影音存储进入了高清时代。

小问题

是不是所有的光盘驱动器都可以向光盘里写东西呢？

电脑也有“心”吗？

好啦，朋友们，我们已经把电脑的显示器好好看了个够，还了解了能够刻录数据的光盘和光驱，下一步，我们就来做一次DIY，把电脑主机拆开，看看电脑的工作都是谁在主机内部执行。

首先来看看电脑最重要的部件吧！谁最重要呢？你听过英特尔的一句广告词吧？——“英特尔，给你一颗奔腾的心！”那么，谁是电脑的“心”呢？

电脑主机里最重要的部分应当首推CPU了。人们通常就把它比喻成计算机的“心脏”。CPU全球“中央处理器”，是Central Processing Unit的缩写，又名“微处理器”，小名“芯片”。它就是整个电脑的控制中心，就像心脏一样处在核心的位置。

CPU从最初发展至今已经有四十多年的历史了。别看发展的时间不短了，CPU家族却一向人丁不旺。这主要是因为CPU是一种技术含量很高的产品，是无数尖端科技的结晶，所以世界上能够生产CPU的厂家屈指

Intel 酷睿 i7 四核

可数。

说到 CPU，我们不能不提到半导体公司“仙童”，它对半导体界做出的贡献是后人无法企及的。有人甚至说，没有“仙童”也就没有现在的 IT 界。大名鼎鼎的英特尔公司就是由组建仙童半导体公司的 8 位科学家中的两人诺依斯及摩尔和另一位经营高手葛罗夫一起创办的，他们后来被称为“英特尔三巨头”。而另一家 CPU 厂商 AMD 的创办人桑德斯则一度担任过仙童半导体公司的销售部主任，被“仙童”扫地出门以后，他带着 7 位

“仙童”员工创办了高级微型仪器公司(AMD)。现在，“仙童”虽然已经衰落，但每当回首往事，人们还是会对它充满敬意。

1971 年，英特尔公司推出了世界上第一款 CPU4004，这是第一个可用于微型计算机的四位 CPU，它包含 2300 个晶体管。随后英特尔又推出了 8008，由于运算性能很差，其市场反应十分不理想。1974 年，8008 发

“高端”、“低端”是什么意思？

通常大家谈论 CPU 的时候都会用“高端”和“低端”这样的词来形容，那所谓的“高端”、“低端”到底是什么意思呢？其实很简单，顾名思义，高端就是性能好，但价格贵，例如英特尔的酷睿 i7；低端就是一方面性能上满足大家普通应用的需要，另一方面也为厂家保证了高额的利润。市面上常见的低端产品有 AMD 的闪龙、英特尔的赛扬等。

展成 8080，成为第二代 CPU。8080 作为代替电子逻辑电路的器件被用于各种应用电路和设备中，它初步为英特尔在市场上打开了局面。

由于 CPU 可用来完成很多以前需要用较大设备完成的计算任务，价格又便宜，于是各半导体公司开始竞相生产 CPU 芯片。发展到今天，英特尔公司推出的最新一代处理器是酷睿的 i7 系列。这个 i7 系列是真正的 64 位处理器。i7 系列的处理器在技术上更加先进、性能也更加强大，提供了 64 位的计算技术和跨越性的 6 MB 高速缓存，因而速度更快了。

结构复杂的主板

AMD 公司的产品是 DIY 族的最爱

目前，全球电脑 CPU 市场主流产品已经基本被英特尔和 AMD 公司占有了。相比而言，英特尔是知名品牌，具有品牌效应，而 AMD 则是 DIY 家族成员的最爱，因为它的性价比合理，同等性能的 CPU，AMD 要比英特尔便宜些。

CPU 是电脑的“心”，那么这颗“心”长在什么地方呢？它就长在“主板”上。主板就像是电脑的“腰杆”。打开机箱后，你一眼就能看到的那块电路板就是它了。它是计算机机箱里最大的电路板，CPU 和其他部件都是连接到主板上的，而电脑的各个部件也只有连接在一起才能正常运行！

CPU 必须用风扇进行散热才能正常工作

小问题

为什么说 CPU 是电脑的心脏？

电脑的“大脑”和“五官”是什么?

“心”虽然重要，可只有心还不够啊，像人一样，电脑也需要“大脑”。而且，大脑的不同部位需要担负不同的职责。

内存同样是主板上非常重要的部件之一。它有点像是电脑芯片办公的办公室，这个办公室越大，CPU 发挥的空间也就越大。当然这个办公室的门也要足够大，这样才可以一次尽量多地把数据搬运进来和搬运出去。这也就是说，内存越快越好，容量越大

内　　存

主板上的内存条插槽

越好。同时，这个办公室一定要稳固，如果它不稳固，整个工作就没有办法进行了。也就是说，内存的稳定性直接关系到电脑运行时的稳定性。

从记忆功能上来说，内存可以看作是计算机自己的大脑，那么硬盘就相当于电脑的外脑。硬盘是计算机用来存储数据的存储器，我们平时用的操作系统和软件都要装在它里面。硬盘的样子就像是一个金属盒子，只是这个金属盒的内部近乎于实心，这是为了保护里面的盘片不会受到撞击而损坏，但就是看起来如此坚固的设备也有它的弱点，那就是怕受震动。不过，现在已经有了很多的硬盘加了防震保护，并且在外形上也有了很大

的改进，半开放、半透明、透明或是彩色的外壳都出现了。我们玩的游戏大多数也是必须要安装在硬盘里才能运行。现在，一个1 TB的硬盘已经成了大家买电脑的最低配置，稍稍上点档次的就会配置1.5 TB以上的硬盘。

你知道我们为什么能从显示器上看到图像吗？计算机里面装的是数据，为什么我们在显示器上看到的却是图像呢？我们知道，显示器属于计算机的输出设备。输出设备也就是用来将计算机处理以后的数据、程序和图形等转换成为人们能够识别的形式显示出来的设备。不过，显示器只是显示输出系统的一个组成部分，显示器要正常工作，还需

显　卡

硬　盘

要有适当的显示适配器也就是显卡和它相配合。显卡是由显示存储器、寄存器和控制电路三部分组成，它是主机与显示器之间的桥梁，负责将计算机内部输出的信号转换成显示器能够接收的信号。假如你在游戏中看到一棵树，它就是用一大堆数据组合而成的，这些数据说明了树的高度、有多少个枝杈、每个部分分别是什么颜色等，显卡根据这些数据就能够把树在显示器上显示出来了。想想吧，图像越是精细，数据量就越大，显卡在显示器上“作画”也就越忙，有时候显卡的配置不够，就显得手忙脚乱的，甚至干脆就跟不上了，这样我们在玩游戏的时候就会出现画面停顿。要知道，无论是美丽的“最

终幻想”，还是无所不能的“劳拉”，甚至是“三角洲”中的特种兵，他们的一举一动都靠这个显卡来表现，所以显卡的好坏决定着我们大家所热爱的游戏人物的表演是不是成功。可以说显示器就是电脑的脸面，它的表情可丰富了。

显卡负责表现图像，那谁掌管声音呢？这就是声卡，美妙的声音就出自于它。声卡

什么叫 DIY?

DIY 这个流行的词汇是英文“Do It Yourself”的缩写，本义是“自己动手做”。DIY 起源于欧美，已有 50 年以上历史了。在欧美国家，由于请工人做事需要提供的薪资非常高，所以一般居家的修缮或家具的安装、布置，能自己动手做就尽量不找工人，这样可以节省不少费用。现在很多人自己 DIY 电脑，这样不仅节约，而且也可以尽量按照自己的需求“量身订做”。

是计算机处理音频的主要设备，其主要功能是处理声音，包括数字化声音、由外部设备输入的声音，以及从CD、VCD、DVD等传出的声音。声卡从CPU那里得到声音数据，然后，将这些数据转换成音箱能处理的模拟信号，最后，音箱将信号转化成声音传到我们的耳朵里。所以，声卡和音响就相当于电脑的嘴巴了。

如果给电脑声卡装上麦克风，那么，它就有了耳朵，能够听到各种各样的声音；而如果给电脑装上摄像头，它就有了眼睛，能够拍摄出主人的各种姿态，还可以和主人一起玩游戏呢！

声　卡

电　源

电脑游戏画面有些停滞，可能是什么原因呢？

电脑能不能认识你的字？

用键盘打字对我们来说已经不是什么难事了。或许有些朋友打字录入的速度要比手写还快，可也有很多中老年人对打字感到头疼。现在最简单、最常用的输入法是各种拼音输入法，很多人因为搁置的时间太久，已经把学过的拼音全部还给老师了，而五笔字

用键盘打字已经不再是难事了

手 写 板

型或者其他一些形码那复杂的字根表背起来也让人望而生畏。如果能通过手写把文字输入到电脑里就好了，手写板应运而生。现在随着手写识别技术的发展、成熟，手写板的价格也不断走低，这个问题可以说已经迎刃而解了。

实际上，手写板的诞生有二十多年了，早已不是什么新玩意，但早期的产品价格高，识别率也低得可怜，一直没有得到人们的认可。近几年来，手写板的识别率已经相当高了，手写的速度也和键盘输入相差无几，这才逐渐推广开来。用户多了，产品的产量大了，自然价格也就便宜了。

手写板的构成主要有两大部分：手写笔

和写字板。根据手写笔与写字板的连接方式又可分为有线和无线两种。从技术上来说，手写板已诞生了五代产品：碳膜板、电容板、ITO 板、数位电磁板、压感电磁板。技术越来越完善，如果只是文字输入，应该选择第四代的数位电磁板或第五代的压感电磁板。如果你在手写文字之余还想画画图，就最好选择压感电磁板。

如何判断手写笔的好坏?

手写识别率是判断手写笔好坏的最重要的标准。在用户手写输入时，识别率必须达到 95% 以上，如低于这个指标，输入的同时就要不断纠错，那可就太麻烦啦。当然，要求识别率达到 100% 也是不现实的，想想有时候写得太草的字时间一久自己都会不认得，怎么能要求机器都分得清呢。手写板还应该有学习个人笔迹的能力，有了这一功能，在使用一段时间后，识别率会大大提高，这样，手写板就变成了熟悉你笔迹的好秘书了。

手写识别还有传统书写方式不具有的新功能

数位电磁板和压感式电磁板的工作原理都是采用了电磁感应技术。手写笔发射出电磁波，写字板上排列整齐的传感器负责感应接受，计算出笔的位置以后报告给计算机，然后由计算机做出移动光标或其他的相应动作。电磁波不需要接触也能传导，所以手写笔即使没有接触到写字板，写字板也能感应到，这样书写起来就更加流畅了。

你发现这里的问题了吗？如果仅仅依靠电磁感应技术，无论你用的力量是重还是轻，反应出来的线条都是一样粗细，这种方式用来画画就太单调了。压感电磁板的产生

IBM 推出的语音识别软件 ViaVoice

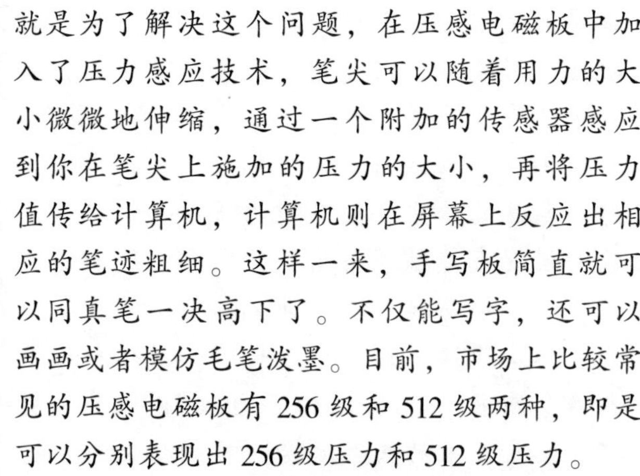

就是为了解决这个问题，在压感电磁板中加入了压力感应技术，笔尖可以随着用力的大小微微地伸缩，通过一个附加的传感器感应到你在笔尖上施加的压力的大小，再将压力值传给计算机，计算机则在屏幕上反应出相应的笔迹粗细。这样一来，手写板简直就可以同真笔一决高下了。不仅能写字，还可以画画或者模仿毛笔泼墨。目前，市场上比较常见的压感电磁板有 256 级和 512 级两种，即是可以分别表现出 256 级压力和 512 级压力。

除此之外，手写识别还有一些在纸上写

字不具有的功能。比如连续书写、语意分析功能，可以自动修正输入的错字，减少电脑辨别中文字的时间，加快输入的速度。有些手写笔还可以建立联想词库。利用这一功能，你可以自己建立联想词库和常用的语句，在使用的时候速度自然就更快了。现在的手写板配备合适的软件后，能同时识别连笔、草书、逐笔书写，“以不变应万变”，基本能满足不同人的需要。

电脑不仅能“认识”你写的字，还能听懂你说话呢！这就是语音识别系统。通过语音识别输入文字，现在看来离普及应用还有很长的距离。想想看，如果有人在办公室里写文章，嘴里喃喃自语“引号、冒号、破折号”，周围的人会有什么样的感觉。另外，目前的语音识别准确性还很差，毕竟，语音的差别比图形的差别要难辨认得多呀。因为输入准确性的问题，就算是最出名的 IBM 语音识别软件 Via Voice 语音输入还不如打字快，而且错误也不少。至于以后会怎么样，我们只能走着瞧了。

小问题

手写识别和键盘输入相比孰优孰劣？

电脑的“帮手”有哪些？

电脑是我们学习和生活的好帮手，那么，谁又是电脑的“帮手”呢？这就要说到电脑的外部设备了。电脑的外部设备，简称“外设”，种类相当丰富。目前，家庭使用的外设主要是以下几种：扫描仪、打印机、

打 印 机

扫 描 仪

数码相机、数字摄像头、音箱、UPS电源和绘图仪等。其中音箱、打印机和绘图仪属于输出设备，它们能将图片、文字、图表等从电脑里输出到其他地方，例如：打印机能将数据输出到纸上，绘图仪能将数据画在纸上，音箱则用来将声音从电脑里传出来。而扫描仪、数码相机等则属于输入设备，就是能将外部的图片、声音、数据等输入到电脑中。还有就是UPS电源，它属于常规电力设备，它的作用是在停电的时候保证电脑电力供应的。

微单数码相机正在流行

打印机是一种比较常见的外部设备，它也是一个非常重要的输出设备。如果你想把你电脑里的东西输出，像图片、文章等，就得用它。打印机分为针式打印机、喷墨打印机和激光打印机等不同的种类。现在，一般家庭主要使用激光打印机和喷墨打印机。激光打印机的效果比较好，输出速度快，使用成本低廉，可是打印机本身的价格比较贵；而喷墨打印机本身价格便宜，但输出速度慢，耗材费用还有点高。

扫描仪也是一种很常用的输入设备，用扫描仪可以将照片输入到电脑中处理和保存，想想看，用扫描仪输入自己、家人以及好朋友的照片，并在自己的个人电脑中建立一本私人生活的电子相册；将自己喜欢的各种照片、文章、音乐等资料上传到自己的个

人网站或博客上，即使足不出户，你一样有可能被全世界认识。

数码相机已是很常见的数码产品了，它已取代胶片照相机成为我们日常生活和旅行时的伙伴。数码相机和传统照相机相比最大的差别在于它所拍摄下来的图像被保存成数字影像文件，这种文件可以输入计算机，这样我们就可以用图像编辑软件对照片进行随心所欲的加工和制作了。而传统照相机拍照后如果不对胶卷进行冲洗是看不到所照图像的。

数字摄像头是一种视频设备，它可以直

为什么要用网卡?

网卡的功能和“猫”一样，都是能让大家上网的设备。网卡在我们上网的时候，充当电脑和网站之间的信息交流员，不过，它是对数字信号进行交通指挥，一般是不需要拨号的。另外，网卡一般只能接入局域网，而“猫”多数时候用来接入广域网。

接把图像转换成数字信号传送到电脑上，并保持一种实时效果。由于它价格比较低，用途广泛，因此也逐渐成为一种常用的外部设备。其实，说得通俗点，可以把数字摄像头看作是没有存储器的数码相机。通过它，我们可以看见千里之外朋友的音容笑貌，最可贵的是图像能活动，而并非一张张静止不动的照片。

上网常常需要用到“调制解调器”。调制解调器的爱称叫作“猫”，这源自它英文名Modem的第一个音节。“猫”的作用是利用模拟信号的传输线路来传输数字信号。我们使用的电话线路传输的是模拟信号，而电脑之间传输的是数字信号。所以当你想通过电话线把自己的电脑连入互联网时，就必须使用调制解调器把这两种不同的信号加以“翻译”。在你的电脑连入互联网的时候，调制解调器把你发出的数字信号“翻译”成模拟信号，这样才能传送到互联网上，这个过程就叫做“调制”。反过来，当个人电脑从互联网获取信息时，通过电话线从互联网传来的信息都是模拟信号，而调制解调器把这些信号再“翻译”成电脑能明白的数字信号，这个过程就叫做“解调”。所以“猫”的作用总体来说就称为“调制解调”。例如 ADSL 宽带就要使用 ADSL“猫”。

另一类常用的外设就是移动存储设备。常见的移动存储设备有移动硬盘和闪速存储器。

闪速存储器（Flash Memory）又叫闪存盘、U盘或闪盘，是一种采用USB接口的移动存储设备，它是一类非易失性存储器(Non - Volatile Memory)，就是说即使在供电电源关闭后仍能保持盘内信息。与软盘和光盘相比，它最大的特点就是不需要额外的驱动器，将驱动器和存储介质合二为一，只要接到电脑的USB接口上就可以独立地读写数据了。闪存盘体积很小，重量也极轻，特别

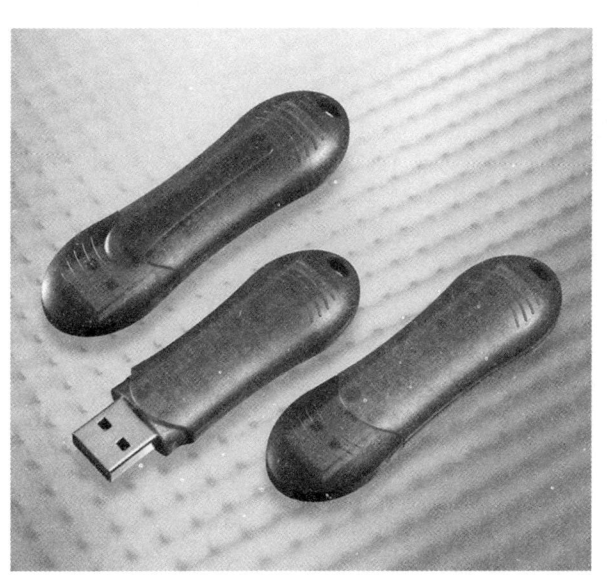

闪 存 盘

移动硬盘

适合随身携带。闪存盘中没有任何机械式装置，所以不怕震、不怕潮、不怕磁，而且耐高温和低温（-40～+70℃），非常安全。

闪存体积小，容量也受到限制，一般常用的闪存只有 8 GB 左右的数据存储。有时候我们会需要更大的存储空间，比如我们观看的高清晰视频文件数据量往往较大，闪存就不够用了，这时候移动硬盘应该是最合适的选择了。移动硬盘由硬盘和硬盘盒组成，硬盘盒中包括了接口和控制电路。移动硬盘通常有 2.5 英寸和 3.5 英寸两种规格。2.5 英寸

的体积和重量较小，更便于携带，不过价格也要比 3.5 英寸的贵。现在的移动硬盘一般都采用 USB 接口，即插即用，十分方便。移动硬盘的容量有 500 GB、640 GB 和 1 TB 的不等，当然容量越大的硬盘价格也就越高了。另外，移动硬盘抗震动的能力并不强，平常携带的时候是需要格外保护的。

小问题

你能说出几种计算机的外部设备？它们的用途都是什么呢？

电脑也能无线吗？

我们在前面已经提到过未来电脑发展的趋势之一就是电脑的各个部分之间的连接变成“无线”的，其实现在这个目标已经在一点点地实现着——在键盘和鼠标上就已经实现了。

我们平时在和电脑打交道时，接触频率最高的部件，恐怕要算键盘和鼠标这两样

无线键盘

造型奇异的无线鼠标

了。键盘作为传统的电脑处理系统的输入设备，到目前已经经历了电容式、机械开关式和橡胶按键加薄膜开关式三个阶段。其中机械开关的方式以其稳定可靠的性能见长，一直被长期地广泛使用。随着技术的不断发展，人们需要一种更新颖、更舒适的键盘。最近几年以来，无线操控技术逐渐凸现出来，它时尚的无线功能，令我们操控电脑时更加方便，更加随心所欲。

理论上说无线键盘和鼠标并不神秘，无线遥控技术早已不是什么新鲜玩意，只是将其应用于电脑周边确实还是一个比较实用的创意。目前市面上的各类无线键盘、鼠标，其工作原理主要就是通过一个无线接收装置与电脑系统主机相连接。键盘和鼠标一般都可以共用一个无线接收器，只不过两者采用不同频道的无线电波，因此避免了相互干扰。大部分无线鼠标、键盘采用了蓝牙无线电波作为传输工具，因此接收和发送的效果都相当好，也不容易受到周边障蔽物体的影响，即使键盘、鼠标没有对正接收器甚至是完全

小知识

鼠标的种类有哪些？

你在市场上看到的鼠标形状各异，似乎种类很多，按其工作原理可以分为机械鼠标和光电鼠标两类。机械鼠标主要由滚球、滚柱和光栅信号传感器组成，由滚球与滚柱的滚动来定位光标，一旦滚柱脏了很难清理，现在已基本淘汰了。光电鼠标通过检测鼠标器的位移，将位移信号转换为电脉冲信号，再通过程序的处理和转换来进行光标定位。除了不能在透明物体表面使用，光电鼠标可以在绝大多数固体表面使用，真是方便极了。

罗技极光无影手鼠标

相反的方向也没有问题。

另外，除了利用无线电波进行数据传输外，市场上也有一部分利用红外线来进行传输的无线鼠标和键盘。不过，这种无线鼠标和键盘由于传输模式的改变，其在工作时不但有效工作距离较短，而且工作时红外线接收器也必须要处在无障碍状态，因为如果接

罗技极光无影手键盘

收器前有阻碍物，则无线鼠标、键盘很容易受到干扰而导致接收和发送的工作效果大打折扣了。

无论是采用无线电收发信号，还是红外方式收发信号，这些无线键盘、鼠标都需要电池来供电。不过，它们的发射功率极小，省电方面也做得比较到位，这样一来，两节普通7号电池用上3个月也不是什么大问题。有些鼠标、键盘还能够接在电脑上充电，这就更不用我们为电力问题操心了。

小问题

无线鼠标的原理是什么？

无线为什么也能上网?

网上冲浪当然是件很惬意的事，不过也有点小小的烦恼，就是总觉得自己被飞檐走壁的网线缠绕着，无处可逃。你想没想过不依靠繁杂的网络线缆，就能将各个角落的计算机连接起来？可以不受线路的限制自由地摆放电脑，却又丝毫不影响网络信号，同样能实现资源共享？假如你现在已经“不可一日无网”了，那如果你带着笔记本电脑坐在

以前上网，必须要接网线

无线网卡

火车上又该怎么上网呢?

无线上网技术把这些梦想变成了现实。其实，实现无线上网在技术上并不复杂。我们只需要在笔记本电脑上装上无线网卡，然后就可以通过无线网络来上网了。目前很多型号的手机也具备上网功能，人们可以通过手机收发邮件、浏览新闻，手机上网的道理和电脑也大同小异。

现在已经是信息时代了，网络互联已不再是简单地将计算机以物理的方式连接起来，取而代之的是合理地规划网络，充分利用已有的各种资源。无线网络的兴起不仅满足了我们日常的需要，它的诸多特性也刚好符合了现代发展的潮流。试想，如果销售员随便

找个街边的长椅坐下来就可以上网把销售信息发送给公司，学生坐在自习室里就能浏览各学术期刊的论文，那样，人们工作学习的便捷性不是大大提高了吗。这可不是什么幻想，某些北欧城市，例如芬兰的图尔库，已经可以在全城的公共场所无线上网了。

无线局域网是计算机网络与无线通信技

如何选择3G?

对于国内的三个3G标准：中国移动的TD－SCDMA、中国联通的WCDMA和电信的CDMA2000，该如何进行选择呢？再好的手机，再便宜的资费，用户最依赖还是一个完善且稳定的网络。所以用户首先应该考虑的是网络品质和服务水平，中国移动采取中国自主研发的TD－SCDMA，WCDMA、CDMA2000则是国外的标准，随着网络的发展，WCDMA的速度优势比较明显，但未来三者的服务质量会逐步趋同。我们希望3G能够摒弃那些内行都算不清的套餐账，真正把实惠便利带给人们。

无线上网技术日趋成熟

术相结合的产物。通俗地讲，无线局域网利用了无线多地址信道的方法来支持计算机之间的通信，实现通信的移动化、个性化和多媒体应用。现在的无线局域网技术已经能方便快速地传送数据。建立一个无线局域网必不可少的就是收发器，当然少不了无线网卡和笔记本了。收发器包括无线网卡和转发器两部分，无线网卡插在笔记本电脑里，利用天线发送信息，而转发器则接受发送信息。为实现信息交换，无线网卡和转发器必须在同一无线电频率域内工作。

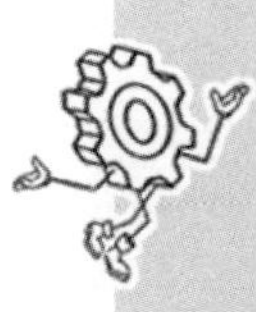

首先你要有一个使用无线网卡的设备，例如笔记本电脑或者智能手机。无线网卡可分两种，一种为无线局域网卡，一种是 3G 无线上网卡。无论是哪一种都可以让我们在旅途中、在野外充分体验信息时代的快捷、高效！无线收发器连接互联网后在整个局域里也都能用无线网卡在频率范围内连上互联网。这些设备非常适合在办公楼里使用，用户只需要插上无线网卡，就能和同事传送

3G 手机

数据了，不会占用很大的空间，也不会被网线缠着。在家庭里实现无线上网很方便，只要购买一个无线路由器，并给自己的电脑配备无线网卡就可以了。不过有一点要指出来，无线上网的保密性很有限，因此，它对那些保密性要求高的企业和单位是不适用的。

小问题

我们可以通过哪些方式无线上网？

第三篇

走进软件世界

软件是怎么生产出来的?

在上一篇里，我们向大家介绍了电脑的硬件构成，可是，这些硬件如何工作呢？又是谁在指挥它们工作呢？这就要说到软件了。

到底什么是软件呢？确切地说，软件就

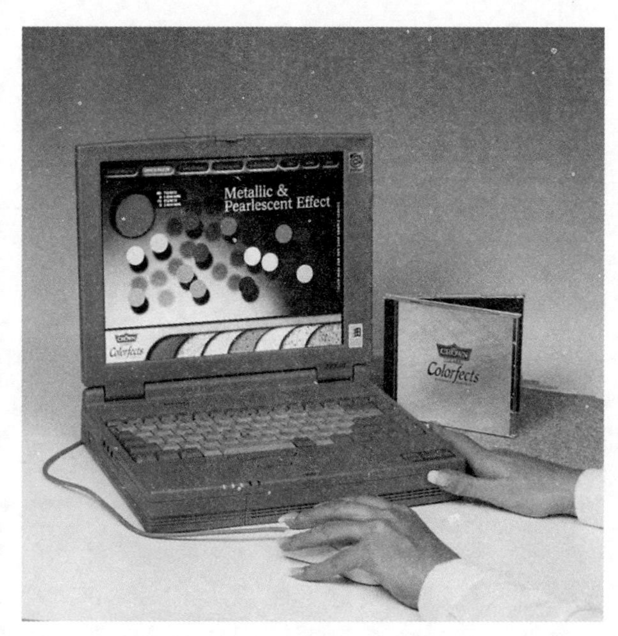

电脑软件指挥硬件的工作

软件工程已经成为一个专门的学科

是一系列按照特定顺序组织的计算机数据和指令的集合。说得简单点，就是那些在计算机中能看得见却摸不着的东西，我们只能看到它显示出来的结果，却摸不到它的实物存在。如果把硬件比作人的骨骼和血肉，那软件好比是人的大脑和神经发出的指令，我们通常只能通过它们的作用才能感知到它们。离开了软件的支持，不夸张地说，硬件就是一堆废铜烂铁。软件一般分为系统软件和应用软件。系统软件为计算机使用提供最基本的功能，但是并不针对某一特定应用领域；而应用软件则恰好相反，不同的应用软件根据用户和所服务的领域提供不同的功能。

自从第一台计算机问世以来，就有了程序的概念，而程序就是软件的前身。那程序又是什么呢？简单地说，程序是能够完成一定任务的一条条指令的集合。指令就是指定进行某种操作的命令。为了完成某些任务，一条指令往往是不够的，需要有一系列的指令才能完成。指令集在程序运行的时候，决定计算机如何对用户的输入做出反应。为了执行一个特定任务的指令集的组合就构成了程序。伴随着计算机技术的发展，软件已经历了程序设计、软件和软件工程三个不同的时代。

你听说过软件包吗？

软件包是指具有特定的功能、用来完成特定任务的几个程序或一组程序。可分为应用软件包和系统软件包两大类。应用软件包与特定的应用领域有关，又可分为通用包及专用包。通用软件包根据社会的一些共同需求开发，专用软件包则是生产者根据用户的具体需求定制的，可以为适合其特殊需要进行修改或变更。

早期的计算机占据大量的空间

软件发展的开端是从1946年到1955年的程序设计时代。这个时代计算机硬件的特点是逻辑电路由电子管组成，内存容量小，运行速度慢，外部设备少，系统稳定性差。我们都知道，最初的计算机要占用20个房间，工作起来，要几十名工程师手忙脚乱地提供服务。这个时期，人们只是针对单个的问题设计计算机的解决方案，也就是编写程序。

从1955年开始，就进入了软件时代。这个时期，硬件开始广泛采用晶体管和小规模的集成电路。计算机的内存容量显著增大，运算速度加快，外部设备进一步齐全，

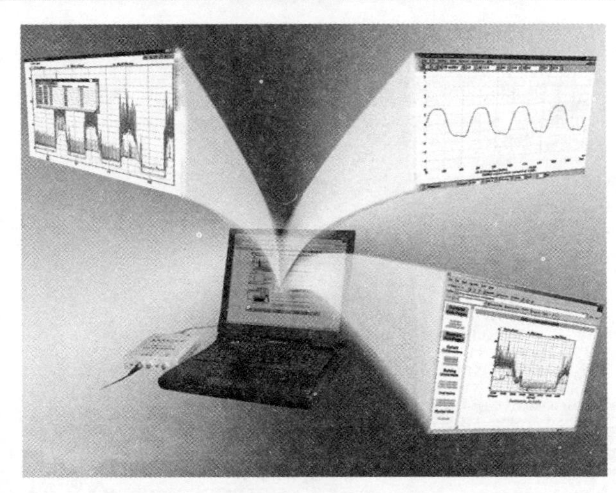

高质量的软件是电脑安全运行的保障之一

运行稳定性也有了提高。然而在计算机技术领域中，程序设计方法和软件开发技术没有重大突破，仍然要靠个人的技巧和技术来维持。在这个时期，天才的编程人员是极其重要的，计算机不过是每招每式都照着程序员的指令去做而已。

还好，不久人们想到了用工程化的方法来生产软件。开始把注意力集中到软件开发的方法、技术和原理上，20世纪70年代，软件业迈入了工程时代。软件工程被用来研究软件定义、开发和维护的一套方法、工具、文件、策略、标准和步骤。这个时期，硬件开始向巨型机和微型机的方向发展。同时，第四代超大规模集成电路的生产技术和工艺

也日趋成熟。并行、分布式处理以及计算机网络、数据库技术早已实用化，计算机应用深入到了社会生产、生活的各个领域。软件工程时代，大型专业软件的编写工作变成了一种社会化的大生产，计算机开始走入社会的各个角落。

现在，软件工程已经发展成为一个专业学科，专门研究如何用工程化方法构建和维护有效的、实用的和高质量的软件。这个学科需要的知识可多啦！它涉及到程序设计语言、数据库、软件开发工具、系统平台、标准、设计模式等许多方面。

好，马上就给大家介绍一下我们心爱的电脑上经常用到的软件。大家可要跟上啊！

小问题

软件和硬件有什么区别？

你知道哪些操作系统?

没有任何软件支持的计算机称为裸机，裸机就像个无知无识的婴儿，什么也不能做。给它装上了哪种软件，它就能完成哪种工作。而有一种软件为其他的软件提供安家落户的平台，这就是操作系统。操作

没有安装软件的电脑什么都做不了

Windows 系列操作系统是由美国微软公司研发的

系统的职能就是管理和控制计算机系统中的所有硬件和软件，合理地组织计算机工作的流程，为用户提供一个良好的工作环境。因此，我们可以认为操作系统是软件中的总管。

你听说过 MS - DOS 吗？这应该是我们 20 世纪 80 ~ 90 年代接触电脑的人使用的操作系统了。通过这一操作系统，用户可以非常方便地使用几十个 DOS 命令，或以命令行的方式直接键入命令来完成所需的操作。用户还可以用汇编语言或 C 语言来调用 DOS

支持的十多个中断功能和上百个系统功能。通过这些服务功能开发出来的应用程序代码清晰、简洁而且实用性很强。

目前，Windows、Unix、Linux是最流行的三种操作系统。

Windows（视窗）从诞生到现在的Windows 8，已经走过20多年的历史了，顾名思

个人电脑最早的操作系统是什么？

1974年正式问世的CP/M就是世界上第一个微机操作系统，它的全称是Control Program/Monitor，即控制程序或监控程序，它享有指挥主机、内存、磁鼓、磁带、磁盘、打印机等硬设备的特权，通过控制总线上的程序和数据，操作系统有条不紊地执行着人们的指令，它就像一个乐队的指挥，在它的协调下，电脑的各个部分才能高效地合奏出美妙的乐章。

微软公司推出的 Windows 8 最新操作系统

义，这是一种所见即所得的图形操作界面，用户通过打开一个个视窗来方便地完成操作。Windows 是一种图形操作系统，我们再不用面对那黑白分明、毫无生气的屏幕发呆了。Windows 操作系统简化计算机那些很实质性的和专业的东西。用户不需要懂得计算机原理，就能够轻松自如地驾驭计算机。现在，我们大家用得最多的操作系统就是 Windows 了。

接下来再看 Unix 系统。它是一个四十多年前由几个研究生在实验室里研究，后来走向商业化的服务器操作系统。经过长期发展，它成长并且占领了市场。各个公司竞相发展自己的 Unix 系统，所以现在有很多不同的版本。可有意思的是，这个名字不属于任何人，谁也不能说自己的操作系统是Unix，而只能说是“Unix兼容”系统。Unix系统的稳定性很高，经常用在大型服务器上，至于个人，则一般不会使用对专业知识要求很高的Unix系统。

不过，Linux的诞生给个人使用Unix系统提供了便利，它是用在个人电脑上的一种Unix兼容系统，主要特点是免费开放源代码，而且任何人都可以修改它的内核。这样，全球的程序员就可以免费使用它，并且可以根据自己的需要对它进行改造，让自己使用的系统就像是为自己量身定做的一样。前面两种操作系统都是商业性的，而Linux才可以说是天下大同、真正无私的操作系统。现在，好莱坞的制片商们最喜欢用的就是它，他们在制作3D动画的时候常常要用几十台服务器并行工作，如果每台计算机都装商业性的操作系统，代价十分高昂，还不能根据自己的需要进行必要的优化，因此，Linux的大公无私使它在好莱坞风头正劲。

在这些主流的操作系统之外，前面我们在讲述IBM和苹果的时候提到过苹果电脑使用的Mac操作系列就是基于Unix内核的图形化操作系列。另外还有FreeBSD和Palm这两个后起之秀。

Free BSD就是一种运行在英特尔平台上、

可以自由使用的 Unix 系统，它可以从互联网上免费获得。虽然免费，你可不能小看它，它的性能可是受到了计算机研究人员和网络专业人士的认可呢。不但专业科研人员把它用作个人使用的 Mac 工作站，很多企业，特别是提供网络服务的公司都使用它来为他们的众多用户提供网络服务。

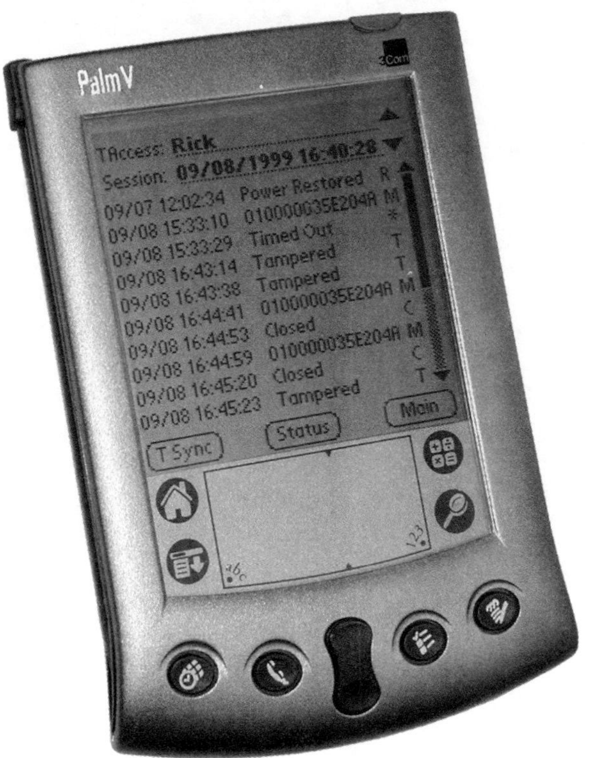

Palm 是最早的掌上电脑操作系统

Palm 操作系统是最早的掌上电脑操作系统，也是有最多应用软件支持的操作系统，Palm 系统的最大优点就是简单易用。在硬件还不发达的几年前，反应快速的 Palm 操作系统几乎是掌上电脑的唯一选择。跟我们常用的 Windows 操作系统不一样的是，Palm 是利用一个内置的、很简单的“程序总管”来呈现你的电脑上的所有东西，所以你可以很轻易地找到想要的程序并执行它。

小问题

你用过掌上电脑吗？它们和智能手机有什么区别？

最常见、最流行的操作系统是什么？

悦目的色彩、悦耳的音乐、前所未有的友好界面，以及高效率的多任务操作，使人们在电脑上工作成为一种享受。坐在窗边喝着咖啡，点几下鼠标就能完成任务，还可以一边用“CD 播放器”听 CD，一边用 WORD 写文章，这种生活多么悠闲自在啊。这都是 Windows 带给人们的方便。

微软在 1985 年推出了 Windows 的第一个

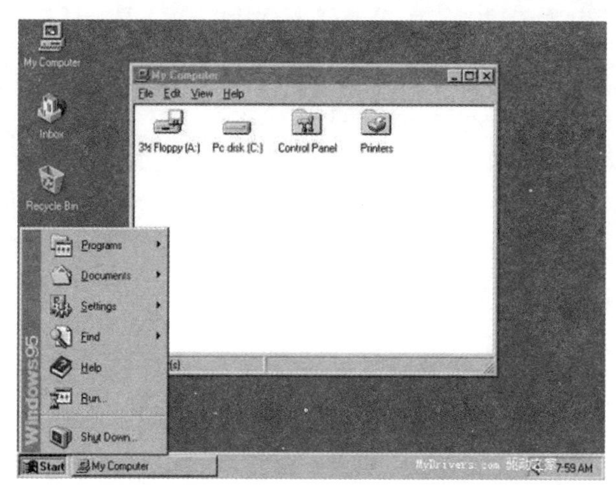

Windows 95 操作系统

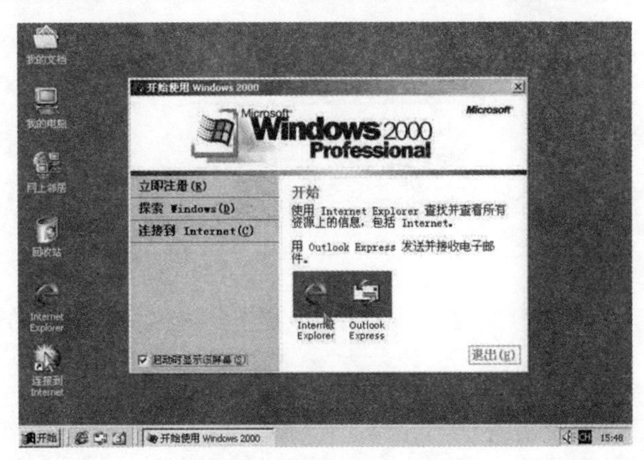

Windows 2000 操作系统

版本 1.0，自此以后，Windows 系统已经走过了 20 年的风风雨雨。从最初运行在 DOS 下的 Windows 3.x，一直发展到 Windows 9x、Windows 2000、 Windows XP、 Windows Vista、Windows 7现在的 Windows 8。Windows 早已经代替了 DOS 曾经担当的位子。

最初的 Windows 3.x 系统只是 DOS 的一种 16 位应用程序，但在 Windows 3.1 中出现了剪贴板、文件拖动等功能，这些和 Windows 的图形界面使用户的操作变得简单。当 32 位的 Windows 95 发布的时候，Windows 3.x 中的某些功能被保留了下来。Windows ME 是 Windows 9x 的最后一个版本，在它以前有Windows 95和Windows 98等多个版本，其实这些版本并没有很大的区别，它们

都是前一个版本的改良产品。这三个产品为微软奠定了在个人电脑领域的垄断性地位。

Windows 为什么会这么流行呢？这是因为它的两大特征：功能强大，易于使用。

以前 DOS 的字符界面使得一些用户操作起来十分困难，苹果公司的 Mac 电脑首先采用了图形界面和使用鼠标，这就使得人们不必学习太多的操作系统知识，只要会使用鼠标就能进行工作，就连几岁的小孩子都能使用。这就是界面图形化的好处。微软公司

为什么 Windows 7 分成不同版本？

这是因为不同的用户对于操作系统的要求各有侧重。Windows 7 专业版是为企业用户设计的，可靠性最好。Windows 7 家庭版是为家庭设计的，是数字媒体的最佳平台，是家庭用户和游戏玩家的最佳选择。Windows 7 64 位版则是供专业工作站用户用的。

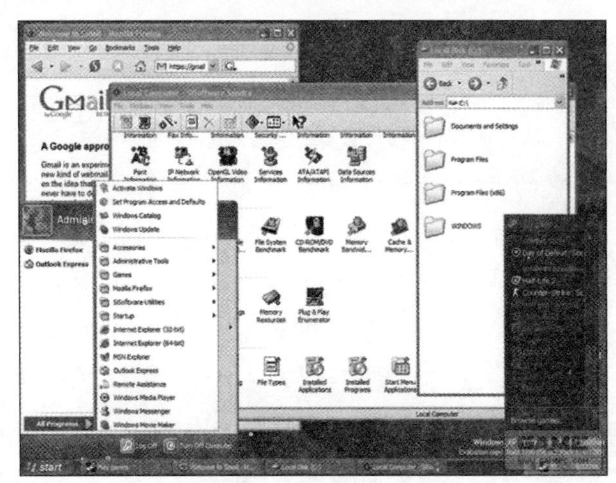

Windows XP 的界面非常人性化

决定也开发自己的图形界面，把所有的软件功能都摆在用户眼前，只要移动鼠标，单击、双击即可完成。如此一来，那些专业人员之外的人们也加入到电脑使用者中来。

微软公司的胜利秘诀在于从用户角度考虑自己的设计，普通人使用电脑的目的很大程度在于多媒体娱乐，于是微软公司就为此提供了充分的软件基础，即便因此造成操作系统小小的不稳定也在所不惜。20 年来的发展证明，正是微软的操作系统促成个人计算机朝着娱乐家电的方向蜕变，而在这种蜕变中，个人计算机发展成为全世界最普及的娱乐机器。在这一过程中，个人计算机产业在一定程度上剥夺了街头游戏产业、影音产业

等相关产业的利润，实现了自身的超速膨胀和发展。

Windows 系统的另一个特点是让多个用户使用同一台电脑而不会互相影响。从 Windows 2000 以后，在这个方面已经做得比较完善了，而管理员（Administrator）可以添加、删除用户，并设置用户的权利范围。Windows 系列对网络的支持也很方便。Windows 9x 和 Windows 2000 中内置了 TCP/IP 协议和拨号上网软件，用户只需进行一些简单的设置就能上网浏览、收发电子邮件等。同时它对局域网的支持也很出色，用户可以很方便地在 Windows 中实现资源共享。Windows 95 以后的版本包括 Windows 2000 都支持“即插即用（Plug and Play）”技术，这样再安装新硬件就简单到只需“轻轻一插”，只要有它的驱动程序，Windows 就能自动识别并进行安装。

总之一句话，正是 Windows 系统把计算机从专业领域带到全球家庭。

小问题

哪个 Windows 7 操作系统最适合你呢？

最有前途的操作系统是什么？

就在二十年以前，还只有大型机构的专用机房中才能接触到 Unix，稍小一些的机构很难负担得起购买 Unix 工作站的费用。所以，只有很少的使用者才有机会接触和使用 Unix，能管理和维护 Unix 系统的计算机专业人员就更少了，Unix 总是披着一层神秘的面纱。直到能够在个人电脑上运行的自由 Unix

以前，只有大型机构的专用机房才会有 Unix 系统

Sun 公司研发的服务器

系统出现之后，这种情况才发生了改变。

发展到今天，Unix 其实已经不能说是一个单一的操作系统了，它包括非常多的种类，有高端服务器，也有中、低端的运行在英特尔平台上的 Unix 系统。Unix 不再是普通使用者可望而不可及的操作系统了，每个喜爱 Unix 的人都可以在自己的个人电脑中安装上一套 Unix 系统，学习它、使用它。而中小企业也可以使用个人计算机充当服务器来运行 Unix 系统，充分享受 Unix 的强大处理能力带来的好处。

那么，从 Unix 发展而来的众多分支系统和类 Unix 系统中最出类拔萃的是哪种呢？恐怕非 Linux 莫属了。

简单地说，Linux 是一套免费使用和自由传播的类 Unix 操作系统，它主要用于基于英特尔 X86 系列 CPU 的计算机上。这个系统是由世界各地的成千上万的程序员设计和实现

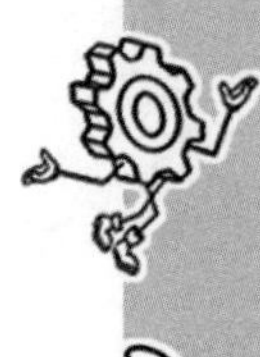

同一硬盘能安装两个操作系统吗?

当然可以啦！现在，在同一个硬盘上安装 Linux 与 Windows 双系统早已经不是什么新鲜事了，还可以安装更多的操作系统呢。在同一块硬盘上安装Windows XP和Windows 7，甚至 Windows 8，都是可行的。实际上，现在连苹果电脑也允许同时安装 Mac OS 系统和 Windows 系统。

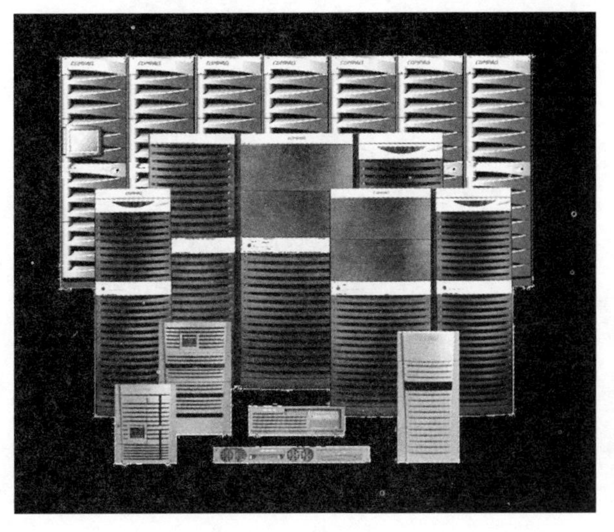

HP 公司研发的服务器

的。其目的是建立不受任何商品化软件版权制约的、全世界都能自由使用的 Unix 兼容产品。

这种系统是怎么来的呢？Linux 的出现，最早开始于一位名叫莱纳斯·托瓦尔兹的计算机业余爱好者，当时他是芬兰赫尔辛基大学的学生。当时他想设计一个能够用在 386、486 或奔腾处理器的个人计算机上的操作系统，而这个系统具备 Unix 操作系统的全部功能。就这样开始了 Linux 雏形的设计。发展到现在，Linux 已经成为一个功能强大的 32 位操作系统，获得了各大电脑厂商的大力支持，越来越多的个人计算机厂商竞相推出

Liunx 系统提供更为稳定的运行平台

了 Linux 平台，在世界范围内掀起了一股势不可挡的 Linux 风潮。除了微软以外，国际上有名的硬、软件厂商都毫无例外地与之结盟、捆绑，就连龙头老大“蓝色巨人”IBM 也要“全面拥抱 Linux”呢。

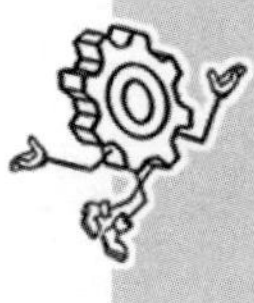

Linux 是一种自由软件，它有两个特点：一是免费提供源代码，二是爱好者可以按照自己的需要自由修改、复制和发布程序的源代码，并公布在互联网上。这就吸引了世界各地的操作系统高手为 Linux 编写各种各样的驱动程序和应用软件，这就使得 Linux 很快成长为包括系统管理工具、完整的开发环境和开发工具、应用软件的系统。同时，由于可以得到 Linux 的源代码，所以操作系统的内部逻辑清晰可见，这样就可以准确地查明故障

原因，及时采取相应对策。在必要的情况下，用户可以及时地为 Linux 打“补丁”，这正是其他操作系统所没有的优势。这也使得用户容易根据操作系统的特点构建安全保障系统，不会由于不了解不公开源代码的“黑盒子”式的系统预留的什么“后门”而受到意外的打击。多年来，微软一直坚持着不公开源代码的商业战略，在 Linux 透明精神的打击下，终于不得不有条件地公开了 Windows 的源代码。

从操作上说，Linux 是 Unix 系统的一个变种，因此也具有了 Unix 系统的一系列优良特性，Unix 上的应用可以很方便地移植到 Linux 平台上，所以 Unix 用户能够轻而易举

智能手机上也可以使用 Linux 技术

地掌握 Linux。这样，专业人员对它的欢迎也就理所当然了。

Linux 是公开源代码的操作系统的代表，它提供最开放的应用和开发环境，能在最广泛的硬件平台上运行。与经典的 Windows 相比，它为应用软件提供一个最为稳定的运行平台，而且最重要的是它具有抢先式多任务功能，就是说它可以在同一时间完成各种不同的任务。

据说 Linux 是全球发展最快的操作系统，实际上，今天在智能手机上最流行的安卓系统用的就是 Linux 内核。可以说，Linux 在面向未来方面比其他操作系统更开放，更有发展前景。

Linux 能够成为发展最快的操作系统吗？

办公用的软件有哪些？

电脑的两大功能就是办公与娱乐，朋友们对娱乐应该很熟悉了，那么对办公软件呢，例如写文章用的文字处理软件，做表格用的表格软件，都是应该学习的东西呀。其实啊，我们最常用的办公软件就只有两个大

Word

Excel

的系列，一个是 Microsoft Office 系列，另一个是 WPS Office 系列。

先来说说 Microsoft Office 系列吧。这一系列是微软公司开发的办公自动化软件，也是这个公司最受欢迎的软件，因为它的使用太广泛了，所以人们平时一说到 Office 就是指它。Office 经过多年的发展，不断有新的版本诞生，一般说来，越是新的版本，功能越是强大，操作也越是方便。所以它已经成为人们日常办公和管理的一个不可或缺的平台了。“工欲善其事，必先利其器”。目前，Office 发展到了 2013 版，已经成了一个非常庞大的办

公软件和工具软件的集合体，甚至还自带了全球网络的功能，对汉语的支持也非常好，有很多非常好的功能，如中文校对、简繁体转换等。使用 Office，对我们完成日常办公和公司业务的帮助别提有多大了！

尽管现在的 Office 组件越来越多，而且各种组件之间的一些功能是相似的，还可以相互转换，但在 Office 中各个组件仍然有着比较明确的分工。

Word：主要用来进行文本的输入、编

WPS 这个名称是怎么来的?

WPS 是英文“Word Processing System”（文字处理系统）的缩写。你可能会觉得奇怪，WPS 不是我们中国人自己开发的办公软件吗，为什么叫“文字处理”呢？原来在 1988 年推出这款软件的时候，计算机的发展还处在 286 阶段，不论是国内还是国外，办公自动化都还停留在文字办公处理阶段，所以采用了英文“文字处理”的缩写命名。

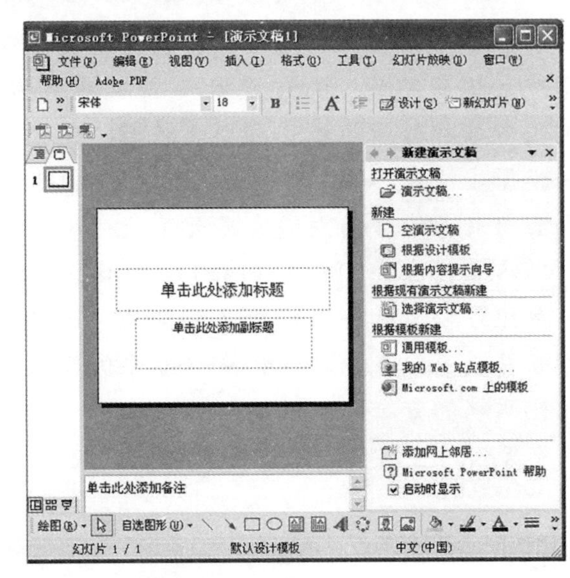

PowerPoint

辑、排版、打印等工作。

Excel：主要用来进行有繁重计算任务的预算、财务、数据汇总等工作。

PowerPoint：主要用来制作演示文稿和幻灯片及投影片等，制作幻灯片就用它。

Access：是一个桌面邮件数据库系统及数据库应用程序。

Outlook：是一个桌面信息管理的应用程序。

FrontPage：用来制作和发布网页。

另一个办公系统 WPS Office 是我们中国人自己开发的。如果回到 20 世纪 90 年代初，

说起 WPS，它曾经是国内最流行的汉字处理软件，接触电脑比较早的用户大概没有不知道它的。那时候的操作系统还是 DOS，当时几乎国内的每一台电脑都装了 WPS，以至于有很多外行的用户都以为电脑软件就等于 WPS。可惜好景不长，由于 WPS 不能在 Windows 下使用，随着 Windows 操作系统成为主流，WPS 也渐渐地退出了电脑的历史舞台，微软的 Word 和其他办公软件也就乘机占领了中国市场。开发 WPS 的金山公司也不甘心就这样放弃市场，所以他们又开发了在 Windows 95 和 Windows 98 下使用的新版 WPS，现在市场上最新的版本是 WPS Office。金山公司说："WPS Office 是最适合中国人使

WPS 办公软件

用的办公软件”，看来他们是想凭借 WPS Office 从微软的 Office 手中夺回中文办公软件的市场份额。

WPS Office 提供现代企业办公中必须的六大功能：文字办公处理、无限电子表格、电子幻灯制作、电子邮件系统、网页编辑制作、图片浏览编辑。WPS Office 将面向日常办公、企业活动乃至管理的各种功能都无缝地集成在了一起，是一款非常方便的企业办公软件。

那么，WPS Office 与微软的办公软件相比有什么优点呢？主要在于 WPS 有很强的排版能力，而其排版方式也更符合中国人的习惯，比如其公文模版、商业模版都更符合中文行文的习惯，对汉字字符的处理也更为完善。另外，无论从对个人计算机内存和硬盘等资源的要求上，WPS Office 的资源消耗要少一些。目前 WPS Office 已更新至 2013 版。

小问题

如果你要写文章，你会选择哪一类型的办公软件呢？

浏览网页用什么工具？

现在，如果一部电脑不能上网，就像是一个人把自己锁在屋子里与世隔绝了。网络为我们打开了一个通向世界的窗口。那么你知道上网需要什么软件吗？

浏览网页的软件就叫作网页浏览器。用得最广泛的浏览器莫过于微软开发的“互联

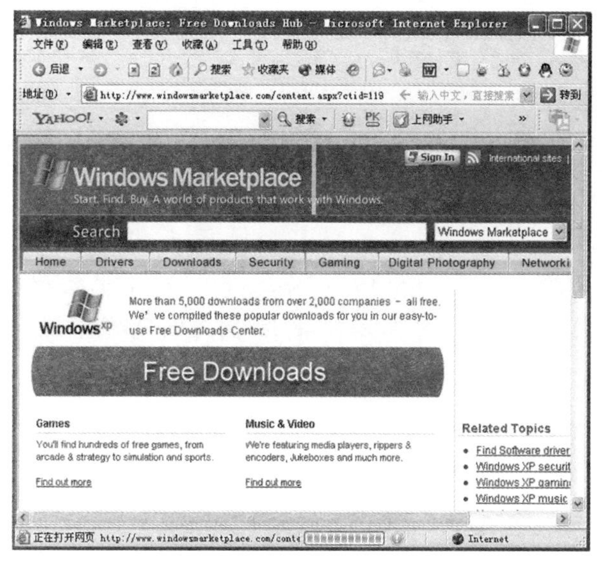

Internet Explorer 浏览器

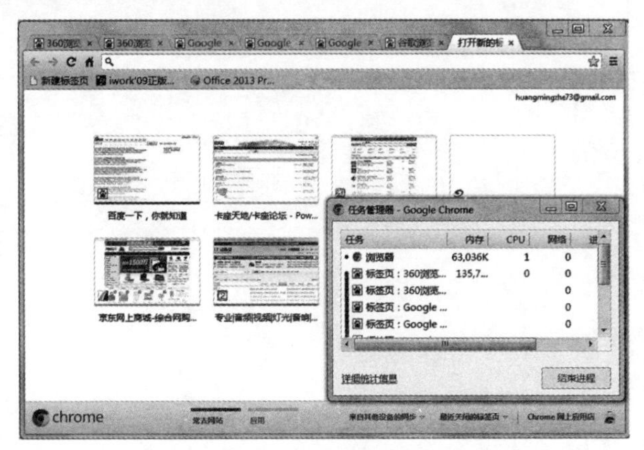

谷歌提供简洁的浏览界面

网探索者”——Internet Explorer，现在我们一般称之为微软浏览器。微软浏览器成为大多数上网冲浪者的首选，是因为它是 Windows 操作系统自身就带有的一款浏览器。它具有传统的 Windows 界面风格和丰富、强大的功能，确实非常简便易用。

谷歌浏览器是后起而迅速成为主流的浏览器。它是一个由谷歌公司开发的开放原始代码的网页浏览器，提供多国种语言，同步支持 Windows 平台、Mac OS X 和 Linux 平台。2012 年 8 月，谷歌浏览器的全球份额达到 34%，成为互联网上使用最广的浏览器。

谷歌浏览器使用起来简洁、快速，支持多标签浏览。过去的浏览器在浏览一个页面时如果崩溃，就会导致所有的页面崩溃，而

谷歌公司开发了“沙箱”技术，也就是对各个页面之间进行隔离，这样一来，一个页面的崩溃就不会影响其他页面的工作了。

谷歌公司免费为用户提供黑名单服务，谷歌浏览器会定期的下载更新钓鱼软件和恶意软件的黑名单，并在网民登录该类网站时予以警告。谷歌甚至也会通知被列入黑名单的网站，因为这些网站往往自己都不知道已经中招。

什么是信息高速公路？

20世纪90年代以来，国际上掀起一股全球性的共建“信息高速公路”的热潮。“信息高速公路”的含意是将各种信息资源，比如政治、经济、金融、科技、人才、新闻和教育等各类信息资料库，通过一个互联网络实现信息高速传递、处理、存储和利用。它是促进经济发展和社会进步的一个关键因素。

为了保护隐私，谷歌浏览器提供“无痕浏览”模式，在这个模式下，人们可以完全隐密地浏览网页，任何活动都不会被记录。换句话说，无痕浏览窗口中发生的任何事情，都不会进入用户的电脑。

另一方面，谷歌尽量让网站的情况对网民公开，它提供一个任务管理器，某个网站占用了多少内存、下载流量和 CPU 资源，用户一目了然。

微软浏览器和网景浏览器是目前世界上最流行的两大浏览器，它们几乎包括了用户上网浏览和通信的所有功能。但这并不意味着就满足了人们的所有需求。实际上各种独具特色的浏览器在网络中随处可见，为用户的网上冲浪提供了许多方便。

在非微软浏览器内核的浏览器中，Mozilla 公司的 Firefox（火狐狸浏览器）也是很卓越的一款。它使用的是与早先的网景浏览器相同的内核。这款开放源代码的软件是免费的，据说是世界上最快速、最节省资源的浏览器。另外它还有一些小特点，比如页面文字的大小可以任意放大或缩小。

近来，由于网络抢订火车票等事件的影响很大，360 浏览器在国内很是火爆。这是一款双内核的浏览器，兼备微软浏览器和谷歌浏览器的内核。在平常浏览时，使用谷歌内

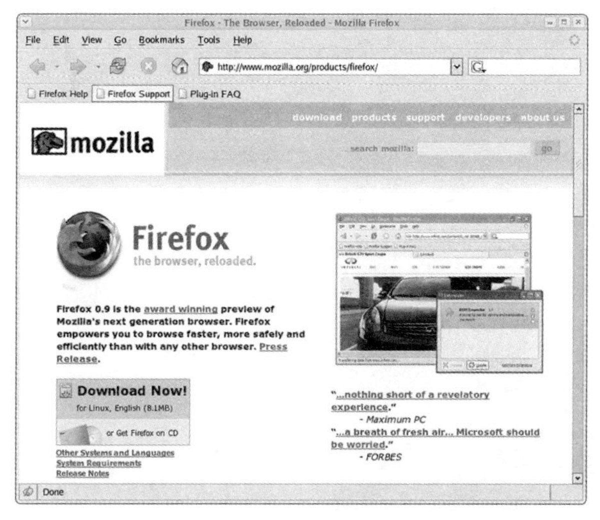

Firefox 浏览器

核，而在使用一些网银相关业务时，则切换到微软内核。尽管国产浏览器功能做的很是便利，但要真正长期地占有市场，还需要开发自己的内核才行。

Windows 系统中内置的是微软浏览器。与其他浏览器相比，微软浏览器的功能过于单一，可它有一个优点可以弥补这个缺陷，就是它拥有众多的扩展功能插件。所谓近水楼台先得月，只要用心挑选，其他浏览器上有价值的功能都可以添加到微软浏览器上。比较实用的浏览器增强工具可以为你的浏览器增添搜索工具栏、多窗口浏览、鼠标手势等优秀功能。

360 安全浏览器

小问题

你知道哪种网络浏览器速度最快吗？

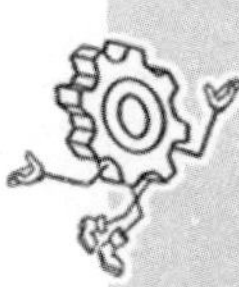

什么是即时通信软件?

互联网最大的魅力之一就是它提供了一个极为广阔的交流天地。在互联网上，人们可以超越地域、语言、肤色等界限，自由自在地进行交流和沟通。而“网聊”恐怕是现在人们上网做的最多的事了。聊天一般要用到专门用来聊天的工具软件。最初人们在BBS上聊天，后来逐渐又到各种论坛、聊天室去聊天，可是，最方便的方式还是借助专

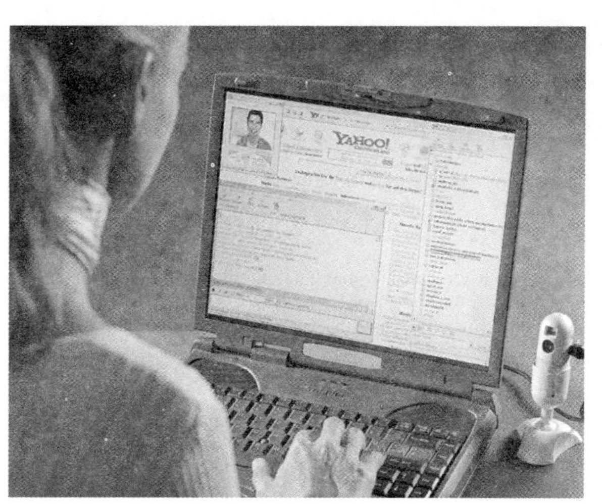

网络建构起了一个广阔的交流空间

ICQ 界面

门的软件来聊天。

ICQ 可以说是网络聊天的先驱了。ICQ 是由以色列一家软件公司开发的。对于没有专家指导，也没有受过专门教育和培训的 4 个年轻犹太人来说，能够在 3 个月内发明 ICQ 这个在互联网上掀起风暴的新技术，应该说是个奇迹。这个 1996 年年底发明出来的即时通信软件被称为“寻呼工具”，是因为每个使用 ICQ 的人都拥有一个唯一的号码，这样当某个用户上网并启动了 ICQ 时，ICQ 会自动显示它的朋友们是否也在线，还可以利用已知的 ICQ 号码查询主人的详细资料，即使他

不在网上的时候，也可以向他发送信息，这很像是人们在生活中使用的寻呼机。

ICQ 是“国际品牌”，那么国内的网上聊天专家又是谁呢？你一定已经猜到了，是腾讯 QQ。QQ 国内用户量高居榜首。在 2011 年已拥有 3.1 亿注册用户、5000 万活跃用户。QQ 都能做些什么呢？我们可以使用 QQ 和好友进行交流，信息即时发送，即时回复，功能非常全面。

腾讯公司于 2011 年 1 月 21 日推出了手机软件微信。微信可以通过网络快速发送语音短信、视频、图片和文字，并且支持多人

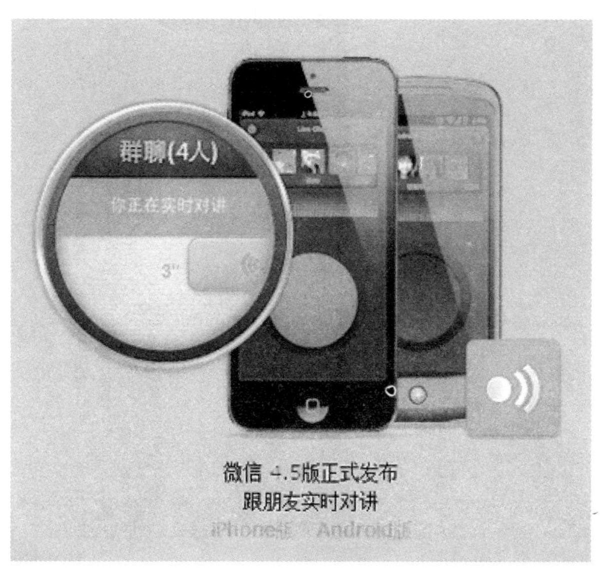

支持群聊的微信

群聊。微信有点类似短信和彩信，但它绕过了传统的电话通道，采取互联网发送，因此只是耗费上网流量，而不会产生通话费用。微信的语音是说一句发送一句，对方收取后，再播放出来聆听，聆听以后，再对着话筒说句话，发送回去。因此，如果你在街头看到有人对着手机说了一句话，然后又把手机贴到耳边去听，那么，八九不离十是在玩微信呢。实际上，很多人不知道该说什么，就在微信里“呵呵”

ICQ名字的来历

ICQ是英文“I Seek You”的连音缩写，意思是“我追寻着你”，浪漫吧？现在即时通信软件不仅可以用来网上聊天、发送即时信息、看新闻、传送文件，另外还具有BP机网上寻呼、聊天室、传输文件、语音邮件、手机短信服务等功能。这就是说，网上的聊天软件可以和现实中的寻呼台、手机短信息连接起来，跨越网络的限制，直接把信息传递到你的呼机和手机上。

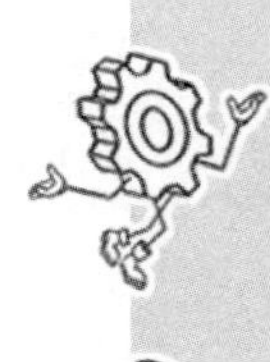

MSN 界面

两声，因此，一时间，网络流行呵呵体。

截至 2013 年 1 月 24 日，微信用户达 3 亿，可以说是普及最快的聊天软件。现在，关于电信运营商微信该不该向微信收费的问题，引起了很大的争论。

MSN 也是国内用户用得较多的聊天软件。它似乎更偏重于办公阶层的用户。功能简洁实用，也比较安全，可惜在国内市场始终未能占领主流市场。

那么即时通信的原理是什么呢？我们经常听到 TCP 和 UDP 这两个术语，它们都是建立在更低层的 IP 协议上的通信传输协议。前者是以数据流的形式，将传输数据经分割、打包后，通过两台机器之间建立起的虚拟电路，进行连续的、双向的、严格保证数据正确性的文件传输协议。而后者是以数据包的形式，对拆分后数据的先后到达顺序不做要求的文件传输协议，它是面向非连接的协议，就是说它并不介意是否与对方建立了连接，直接就把数据包发送过去。UDP 协议传输的速度更快，但只适用于一次传送少量数据、对可靠性要求不高的应用环境。聊天软件进行信息传输使用的就是 UDP 这种协议。

就拿 QQ 来说吧，QQ 就是使用 UDP 协议进行发送和接收“消息”的。当你的机器安装了 QQ 以后，你既是服务端（Server），又是

QQ 界面

平板电脑上也可以安装 QQ

客户端（Client）。当你登录 QQ 时，你的 QQ 作为 Client 连接到腾讯公司的主服务器上，当你“看谁在线”时，你的 QQ 又一次作为 Client 从 QQ Server 上读取在线网友名单。当你和你的 QQ 伙伴进行聊天时，你和他的聊天内容都是以 UDP 的形式在计算机之间进行传送的。其他的即时通信软件的原理也都与此大同小异。

小问题

你还知道什么别的网络寻呼机吗？

你用过什么下载工具?

互联网提供了大量丰富的信息资源，而远端用户将这些资源保存到自己的计算机上，叫作下载。早期的文件下载工具主要是国外的，例如 NetVampire（网络吸血鬼）。这些软件提供了非常全面、实用的功能，如断点续传、下载任务管理、定时下载以及自动拨号关机等功能，下载的速度也超过了微软浏览器等的下载速度，因此，受到老网迷们

网络蚂蚁

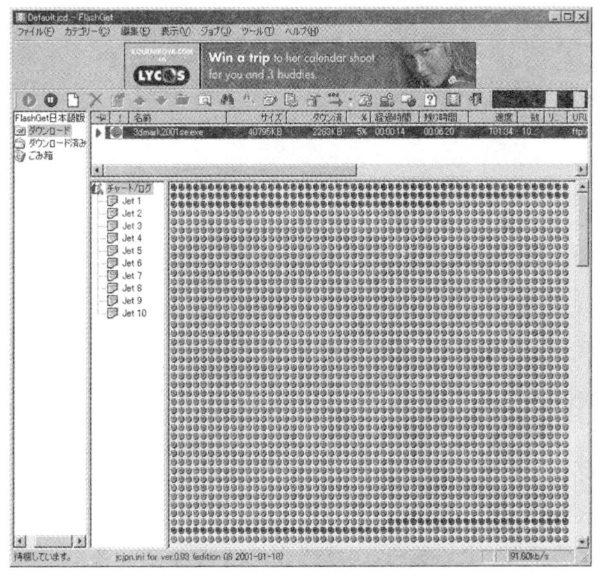

网 际 快 车

的热烈欢迎。

网络蚂蚁 NetAnts 作为国人开发的下载工具软件，在性能上后来居上，它的最大特点是把一个文件分成好几个部分同时下载，这样在很多时候比其他的下载工具要快一些。另外，如果在下载的时候，突然掉线了，它还可以从刚才下载停止的位置接着下载。网络蚂蚁工作起来，就好像一群蚂蚁用蚂蚁搬家的方式从网络搬运数据，真是名副其实。这种软件工作起来有一股锲而不舍和团结一致的精神，也就是说它具有断点续传和多点连接的功能，是帮助用户在网络上下载资料的勤奋的“蚂蚁工人”。

GetRight 是一款浏览器下载工具。它的特点是，可以使用户的网络浏览器在下载文件时有续传功能，并且它的状态窗口还会告诉我们，那个提供下载的站点是否支持断点续传，这可是大大方便了用户。大家都有过下载文件这样中途掉线或者临时有事需暂停下载的情况吧，有了它我们就知道该选择什么样的方式了。

尽管以上两款软件下载起来非常方便，但是下载的软件管理起来却很不方便。我们

怎样衡量下载软件的优劣？

首先是下载速度，下载速度当然是越快越好喽；其次是内存资源占用情况，以占用资源少的为胜；然后是界面的设计，是不是一看就懂、够不够美观简洁；对下载文件管理的情况也是评价标准中的一项，最后还要考察这种软件具备哪些辅助功能，例如能否支持点对点的聊天交流等。

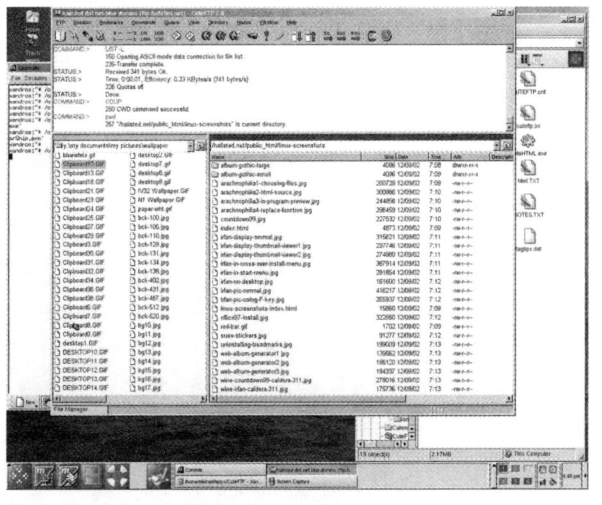

Cute FTP

知道一般下载软件都是英文名，有些从名称也看不出它的真正身份，这样的文件一旦多了，找起来就很麻烦。FlashGet（网际快车）则可以在下载之初就对文件进行归类，这样以后用起来就很方便啦。同时，它和网络蚂蚁一样，也是可以把一个文件切分为好几个部分来下载的。类似的下载软件还有迅雷。目前，快车和迅雷已经成为用户量最大的下载软件了。

FTP 和 http 的下载，不管它们多方便，都存在一个共同的问题——下载的人多的时候就会塞车。有没有不塞车的下载方式呢？有啊，这就是 BitTorrent 简称 BT 下载。与常

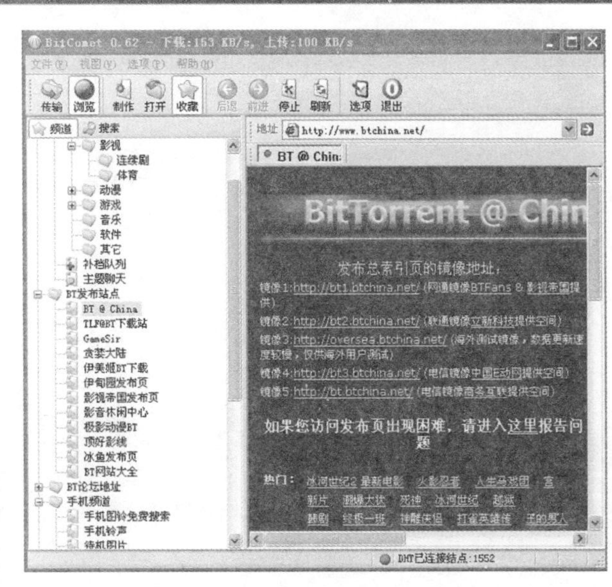

BitComet

用的 FTP、http 下载不同，BT 是一种分布式下载，BT 的格言是“下载的人越多速度越快”，因为它采用了多点对多点的传输原理。就是每个人下载又同时上传数据给其他用户，也就是说，每个人在下载的同时，也都承担了下载服务器的职能。

BT 下载需要专用的下载软件。下面就介绍比较有名的几种。

BitSpirit 有一个非常好听的名字“比特精灵”，它是地道的国产软件，使用起来非常方便。BitSpirit 有许多其他 BT 软件没有的功能，例如选择性下载、缓存智能控制、种子控制

等功能。而且如果 BitSpirit 被最小化，我们可以从浮动工具条查看当前下载、上传的速度，类似于 FlashGet 的悬浮框。此外，最有实际意义的一个功能莫过于是 BitSpirit 可以设置下载结束后自动关机，只要点击“当所有任务完成后关机”按钮，就可以在文件下载结束后自动关机了。

贪婪 BT 是一个超强的 BitTorrent 客户端，最大的特点是单窗口多任务。使用者可以同时操作多项下载任务，而且不会占用很大的资源，这个显著特点让贪婪 BT-ABC 跻身于 BT 下载软件的前列。贪婪 BT 不仅性能稳定，占内存非常小，而且它简便快速的操作也很符合现代追求高效率的使用者的口味。

BitComet 这款软件支持对一个 Torrent 中的文件有选择的下载。同时它采用了磁盘缓存技术，能够有效减小高速随机读写对硬盘的损伤。它还能够自动保存下载状态，续传无需再次扫描文件，做种子也不需要扫描文件。另外，它属于绿色软件，不需要特意安装，只在运行的时候关联 .torrent 文件就行了。顺便提一句，它的多语言界面也是很有特色的，应该是各种 BT 下载软件中支持的语言种类最多的了。

BT 下载软件的花样繁多，有点让人眼

花。比如 BitTorrent Deadman Walking 版号称是史上速度最快的 BT 客户端工具，还有 FlashBT、超级 BT、脱兔、MyBT 等。

BT 下载优点在于人越多越快，减轻了下载服务器的负担，但缺点也很明显，那就是要占据大量的公用带宽，因此，网络运营商对 BT 可没有好感，虽然目前还没有明确的措施要禁止 BT 下载，但相应的限制或者协调措施迟早会出台。

小问题

以上几种软件中哪些是我们中国人设计、开发的？

你用什么工具浏览图片?

你拥有自己的电子影集吗?在色彩斑斓的多媒体世界中,电脑图像是其中一颗耀眼的明珠。早期的电脑图像加工和管理,只能通过专用设备来由专业技术人员实现。随着人类计算机技术的飞速发展,图像的加工和管理已经不再是普通人遥不可及的事情。近年来,数字影像设备随同其概念一齐涌入中国家庭,管理和使用个人数字化影集已成为

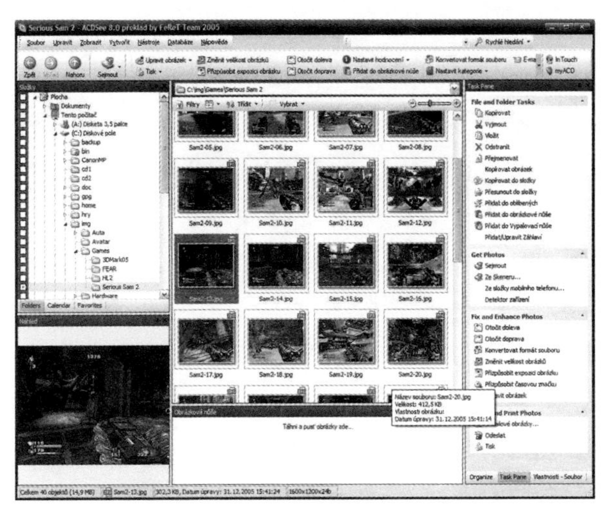

ACDSee 图片浏览器

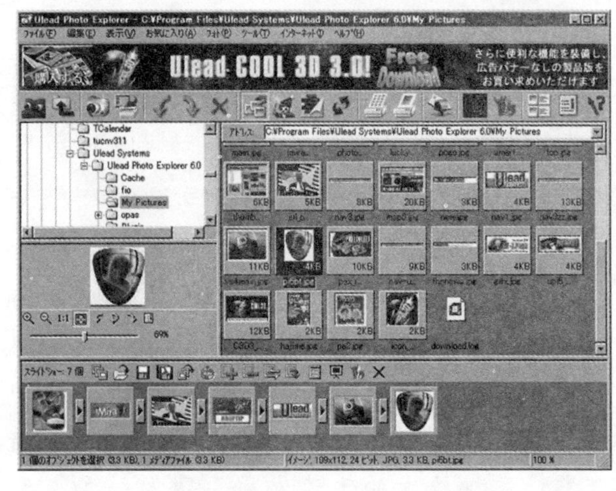

Ulead Photo Explorer 图片浏览器

一件很有意义的工作。这时，用户就需要一些专门用于浏览、整理大量图像文件的软件工具。此外，随着网络多媒体技术的进步，我们在制作自己主页的时候，也会希望加入自己创作的动画，还有很多时候需要随时“抓拍”到屏幕上出现的精彩瞬间。这些都需要专门设计的软件来帮忙。

很多时候我们的电脑里存放了很多图片，一张一张打开非常不方便，这个时候就需要图像浏览器来帮忙，现在最流行的超级图片浏览器是 ACDSee。ACDSee 是由美国 ACD System公司推出的超级图像浏览工具，它不仅提供了完善的图像浏览功能，更具有强大的图像处理和文件管理功能，是目前最为流行

的图像浏览器之一。最新版本的 ACDSee 是 64 位程序，它的多窗体界面非常人性化，能够把一个文件夹里的大量图片同时用缩小图的方式显示出来，还可以瞬间放大或缩小图片，把一组图片当成幻灯片播放、给图像文件加上描述和说明，至于要把一张图片变成我们桌面的背景，就更是小菜一碟了。

电脑为何能显示颜色？

在计算机中，由于显示系统的问题，能表现的色彩数量是有限的。早期的显示器可以用 640 × 480 的分辨率，同时能显示 16 种颜色，后来增加到显示 256 种颜色，这两种显示模式都不能表现比较真实的色彩。而现在的电脑都支持真彩色，显示出来的图像颜色与真实世界中的色彩非常相近，用肉眼很难看出差别来。这种方式用几十万种颜色来表现图像，图像颜色的过渡看起来当然就很自然啦。

Photoshop 图片处理软件

图形探索家——Ulead Photo Explorer 是我国台湾著名的图像软件专家 Ulead 公司提供的一款相当优秀的图形处理和浏览软件。它既包括了所有图形的基本处理加工功能，又是绝对出色的图片浏览器。它的用户界面十分美观，充分体现了个性化的设计。常用的图片格式它都支持。它还可以把同类型的图片合并成一个图片集，加上背景音乐做成屏幕保护或壁纸等等。

前面两款软件主要是用来浏览图片的，那么如果要对图片进行加工处理应该怎么办呢？这就要用到图像处理软件了。

最著名的图像处理软件是谁？它就是大

名鼎鼎的 Photoshop。Photoshop 是 Adobe 公司出品的图像处理软件，它也是当前计算机绘图领域中最流行的图像处理软件。它被广泛地应用于广告设计、封面制作、彩色印刷等许多领域。由于 Photoshop 的功能强大、操作简便，所以受到了越来越多普通用户的青睐。用 Photoshop 能够对图片做的加工几乎可以说是无限的，只要你想得出，它就做得到。比如，你可以把汤姆·克鲁斯变成一个白胡子老头，也可以让外星人在天坛的祈年殿前跳舞。

Photoshop 是处理图片的专业软件，不过如果用到网页设计上，Fireworks 似乎要更胜一筹。从 Fireworks 几年前问世以来，一直就是制作网站图形的首选软件。Fireworks 是 Macromedia 公司发布的一款专为网络图形设计的图形编辑软件，它大大简化了网络图形设计的工作难度，无论是专业设计家还是业余爱好者，使用 Fireworks 都不仅可以轻松地制作出十分动感的 GIF 动画，还可以轻易地完成大图切割、动态按钮、动态翻转图等。最打动人的是它本身就配备了许多直接与网页编辑相连接的功能，因此，对于辅助网页编辑来说，Fireworks 可是个大大的功臣。

有时候，当电脑屏幕上出现的图形、图像、动画影像你非常喜欢，或者正是你感兴

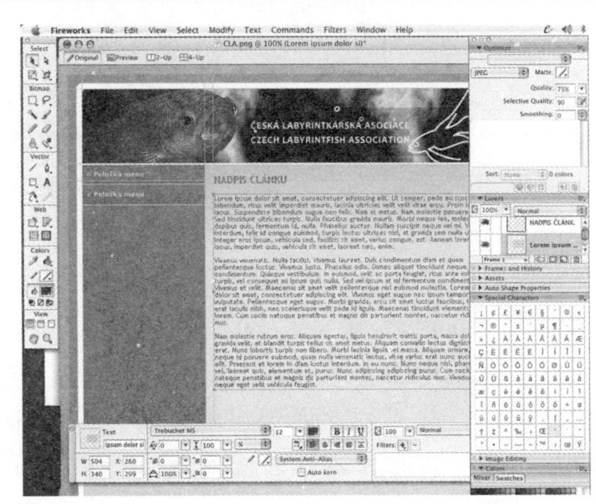

Fireworks 网页设计软件

趣的，你一定会想要把屏幕上的画面捕捉下来。这时候就需要用到屏幕捕捉工具。而在这一类软件工具中，抓屏大师 SnagIt 就是这样一款非常好用的软件，它是广大计算机迷们公认的最优秀的抓屏工具。它既可抓取图像又可以抓取文字、动画影像等。把屏幕上的东西抓下来之后，我们还可以用抓屏大师对这些东西进行处理，把这些东西改造成我们需要的模样。

小问题

用 Fireworks 和 Photoshop 处理图片有什么区别?

你读过没有重量的书吗？

你的书包重吗？你多半会抱怨说：“沉死啦！沉死啦！”是啊，知识是好东西，不过承载着知识的书本可真是压得人肩膀直疼呢！现在电脑越来越普及，电脑上的书可都是没有重量的。不过要在电脑上读书，你通常需要有一种或者几种读书软件。电子书的成本比较低，因此售价也比较低，用买一

传统书籍也是很有重量的

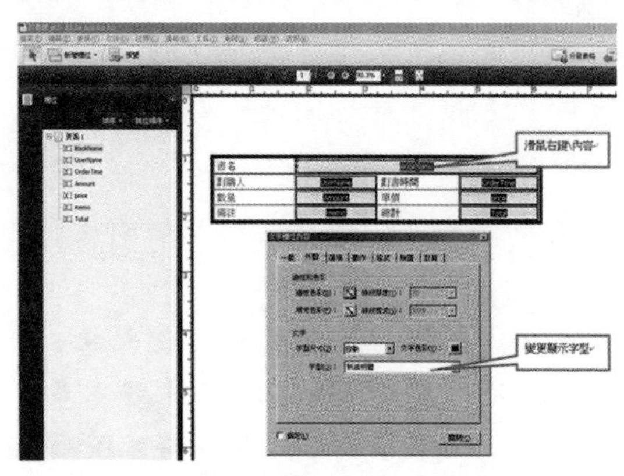

用 Acrobat Reader 软件可以方便地制作电子书

本书的钱可以看很多本书的电子版本，而且又特别节省空间。这就是为什么近几年在整个世界风行电子书的原因所在了。另外，在电子书里面，检索特定的内容要比普通书本容易得多，而且，有些电子书还可以开口说话，甚至可以运用多种语言讲解。电子书快成了全能的多面手了。

传统的电子书阅读器是 Acrobat Reader，全名叫作 Adobe Acrobat Reader，你一定猜得出来它是 Adobe 公司生产的，是一个专用于打开 PDF 文件进行阅读、浏览和打印的工具软件。它既可以独立运行，也可以作为浏览器的插件对 PDF 文件进行网上的在线阅览。由于它是一个免费软件，因而用户遍及全球，据统计目前已有 2000 万以上的用户在使用它。目前 Acrobat Reader 的最新

版本是11.0。用户可以把自己的Word文章转换成PDF格式进行阅读，看起来别提有多舒服啦。

超星图书阅览器这款软件是网上数字化图书馆专用的图书阅览器，通过它我们可以阅读到国家图书馆的庞大书库，囊括文学、计算机、年鉴和国家档案光盘文献库等13大类的图书馆。对于用户来说，无疑是足不出户，遍读天下书。该软件提供图书阅读、URL地址连接、图书下载的多窗口功能。还

上网读书要收费吗？

一般来讲，网上的电子图书分为两类，有免费的，也有需要交费才能看的。比如超星图书馆的图书就是要收费的，这个图书馆的阅览器是免费下载的，但是，要看书就必须有读书卡，好像我们传统图书馆的阅览证，有了读书卡你就可以在这个数字化图书馆里任意挑选你喜欢的书了，不过这个读书卡就是要花钱购买的。

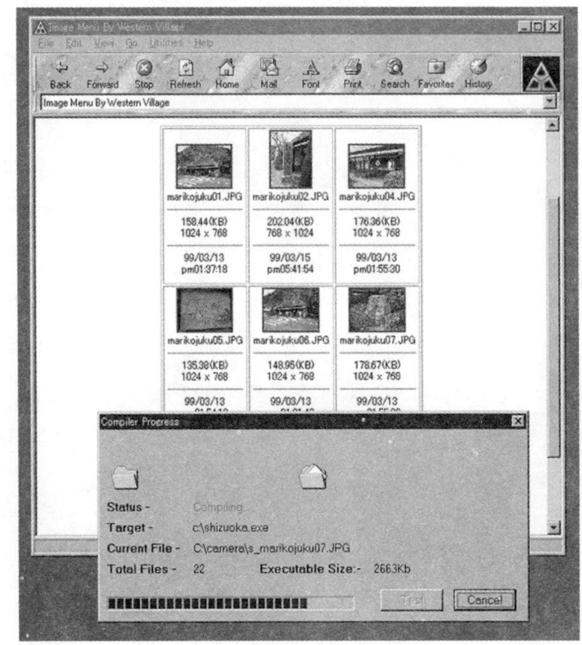

WebCompiler

有书签、查询功能及各种个性化的图书阅览界面。现在，超星不但提供图书，还提供学术视频、共享资料以及学习空间。

电子E书可以直接独立运行、无须另外安装EXE文件格式的电子书，这种电子书可以在电脑、掌上阅读器甚至手机上阅读。这种E书图文并茂，有些制作软件还可以做出栩栩如生的翻页声，或者加入读书的声音文件做成有声的电子书。

电子E书另外一大特点是制作起来很容

易。不管你使用的是什么电子书制作软件，做E书的大致过程其实是一样的，就是将事先做好的网页编译成一个完整的电子书文件。所以我们只要首先把自己喜爱的内容做成长度适中、赏心悦目的网页，然后将所有的网页和相关的图片文件放到同一个文件夹里，并将子目录排好，最后再借助一种编译软件把它压缩成一个文件就大功告成了。

另外，还有CHM和HLP两种格式的电子书也很常见。作为Windows系统帮助文件的标准格式，CHM和HLP格式能够支持图

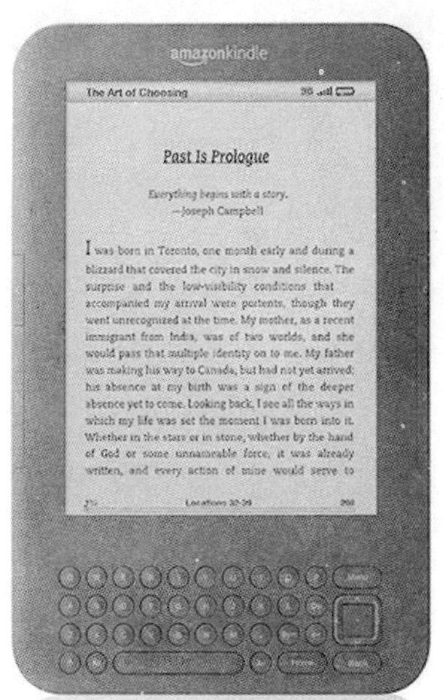

亚马逊推出的Kindle电子书

片的插入，并且还能通过制作目录、索引等功能来方便读者阅读。这两种格式无须任何第三方软件支持，在 Windows 系统中就可以直接阅读。ePUB 和 CEB 也是常见的电子书格式。ePub 一个开放标准。它最大的特点就是可以根据根据阅读设备的特性，以最适于阅读的方式显示。比如用户使用手机，那么每行只显示 15 个字，而如果用 iPad，每行就可以显示 30 个字，同时保证整本书的排版没有明显的错误。苹果的 ibook 软件使用的就是

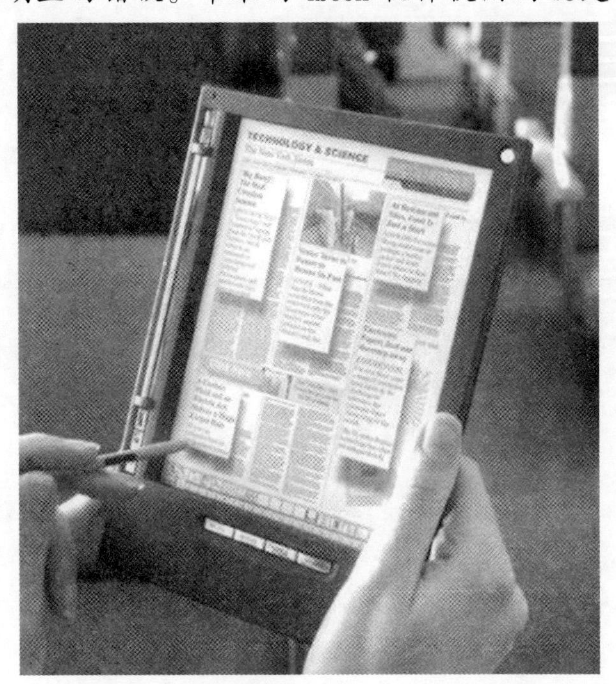

掌上电子书

ePUB 格式的电子书。

CEB 即 Chinese eBook，是完全高保真的中文电子书的格式，由北京方正阿帕比技术有限公司开发，是地道的国产电子图书阅读工具。它实际上可以看作是排版系统的一种输出格式，能完全保留原文件的字符、字体、版式和色彩的所有信息，图片、数字公式、化学公式、表格、棋牌以及乐谱等，都不在话下，且一旦生成，就不可改变。这对于版权保护是非常好的措施。

未来图书的电子出版已成定局，各家都在抓紧开发完善电子书格式以及制作系统。对于，个人来说，用开放软件制作电子书，和网友共享知识，交流体会，也是一件很有乐趣的雅事。

小问题

阅读 EXE、CHM、HLP 格式的电子图书需要什么软件？

世上有没有万能的辞典？

随着网络的不断发展，生活中的信息量也不断扩大，可也有些问题让人困扰。比如说，有些我们需要的信息是用某种外语写成的，如果等到我们把这门外语学懂学通再看这些信息，不用说，它们多半早就过时啦。这个时候你就会想，如果有种聪明的机器能帮你翻译该多好啊。现在电脑就快成为我们梦想的那种聪明的、无所不知的机器啦。

传统字典的信息覆盖面有限

金 山 词 霸

对多数中国人来说，金山词霸大概是最常用的电子辞典了。金山词霸是金山公司的拳头产品之一，被誉为“无话不说的超厚词典”。新版的金山词霸已经具备学习功能，它内置《美国传统辞典》英汉双解版，包含的各种专业辞典总数超过 50 本。它支持最新的 Windows 操作系统和 Office 办公系统，支持领先的嵌入式技术，可以嵌入微软浏览器，Word、Outlook、Acrobat 等常用应用软件中，而不用另外启动词霸。金山词霸还拥有国际顶尖的 TTS 全程语音技术，可以用纯正美音来朗诵英语，还有 20 多种声音备选。

现在，它还可以轻松流畅地朗读整句、整段乃至整篇文章，语音、语速自由调节，虽然僵硬些，但对纠正发音还是很有帮助的。

2005年以前，在我国内地翻译市场上还是由金山词霸系列产品和东方网译两分天下，而港澳台地区则是译典通独占鳌头的局势。2005年起这个局面就被打破了，译典通

电脑如何对英文进行翻译？

在电脑的翻译软件中储存了大量的语法和词汇，并且还有大量的语言构成的规则。翻译的时候，首先对词汇进行翻译，软件会根据不同的语言环境来确定选用词汇的哪个意思，然后，根据语法和语言构成的规则和习惯，把一个英文句子用中文或者别的语言表达出来。当然，计算机并没有人的智慧，所以，只能机械化地翻译，有时候翻译出来的句子会非常可笑。不过，随着科学技术的迅猛发展，总有一天，我们能够用计算机轻松地翻译任何语言。

金山词霸推出了手机版

率先在国内高校掀起了一阵免费试用的风潮，接下来在2006年伊始，又将全新的改版产品Dr.eye译典通7.0集中推向了市场。

译典通与目前内地市场上占主流地位的翻译软件相拼杀，它的利器是什么呢？译典通是中国台湾研发的，它的目光一直集中在全球的华语地区。与内地的产品相比，它在应对国际商务和对外贸易外语方面的经验要更丰富一些，所以在商务应用领域具有很大的优势。译典通的另一大特点就是可以在中、英、日三种语言之间方便转换，而且号称具备精准的英、日文及繁体中文全文翻译和网页翻译功能，这样就极大地方便了人们浏览英文和日文的网站。

除了前面几款强势的翻译软件之外，

◉查字 ○查句

Dr.eye

每日一句：

Our exploration to the primeval forest was quite a chapter of accidents.

我们去原始森林探险,的确发生了一连串意想不到的事情。

移动电视

专为Apple系列产品设计

在网上打开的译典通界面

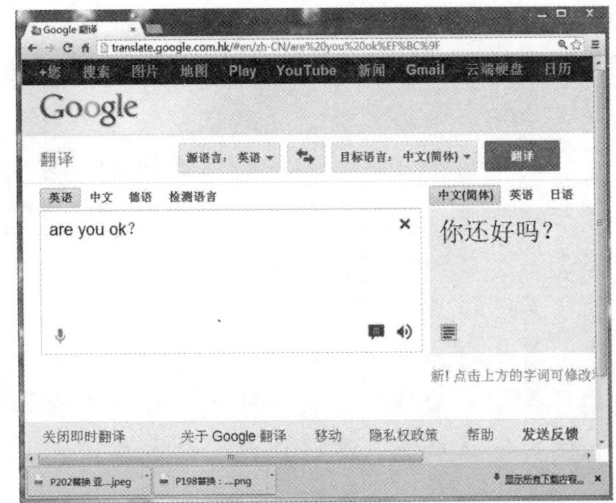

谷歌的网上即时翻译

IBM 翻译家、雅信 CAT、地球村等翻译软件也在悄悄地走进市场，谷歌也推出了网上即时翻译的功能，国内翻译软件市场看似平静的表面下早已是暗流翻涌了。

从现在的发展态势来看，世上即便还没有真能称得上“万能”的辞典，但离这种辞典问世的日子也并不遥远了。

小问题

我们可不可以完全用翻译软件来翻译英文？

压缩软件是做什么用的？

文件压缩就是将文件进行处理，使其所占磁盘空间也就是文件的字节数减少，以便保存，同时又必须保证在需要的时候能够迅速恢复文件原样。而压缩文件使用的压缩编码方法不同，生成的文件格式结

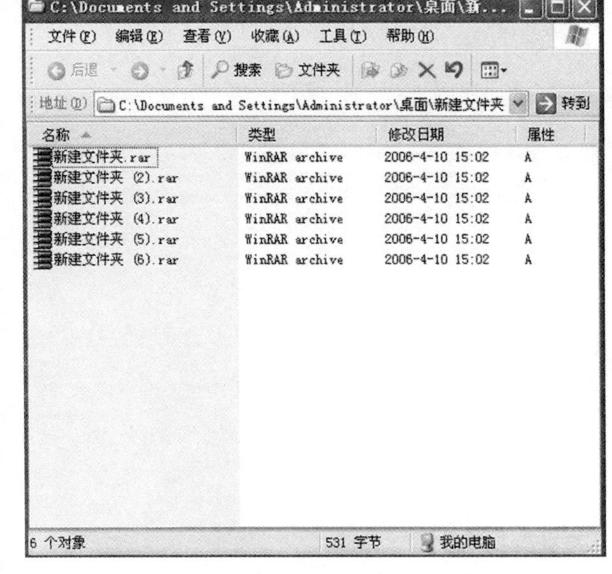

文件压缩可以减少磁盘空间占用

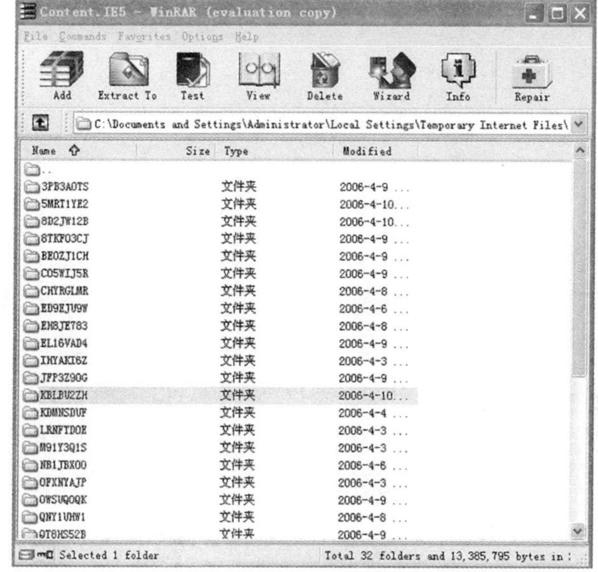

WinRAR 压缩软件

构就不同，这种压缩文件的压缩结构就称为压缩格式。

压缩软件中的老牌名将是 ZIP。发展到现在，它已经成为最适合于 Windows 环境下的一种通用压缩管理软件。这款软件的优点是操作简便、压缩运行速度快、界面友好、功能强大，而且还能与微软浏览器和网景浏览器实现无缝连接，可以大大方便互联网用户进行网上软件的下载和解压，所以多数的 Windows 用户都对它十分青睐。它压缩后的文件扩展名为 ZIP。

除了 ZIP 之外，ARJ 也是压缩界的好朋友。在 DOS 时代，这两大压缩系统可算是个中翘楚了。它和 ZIP 一样方便好用，压缩比也是有过之而无不及的。

在 DOS 的时代，压缩软件初期可以说是 ZIP 和 ARJ 平分天下，但后来冒出了一个厉害的角色，对 ZIP 和 ARJ 来说可真是备感威胁，这个厉害的角色就是 RAR。在这三种压缩工具之中，RAR 的压缩比最大，同样的文件让这三个压缩程序来压缩，几乎总是 RAR 所压缩出来的文件量最小，也因此，RAR 的使用者日益增多。可以说，RAR 占尽了后发

压缩的格式有哪些？

除了我们前面介绍的几种常见的通用压缩格式 ZIP、ARJ、RAR 之外，还有 LZH、CAB、TAR、GZ、ACE、UUE、BZ2、JAR、ISO 等。另外常见的专用压缩格式有声音压缩格式 MP3，图形压缩格式 GIF、JPG、JPEG，影像压缩格式 MPEG 和 RM 等。

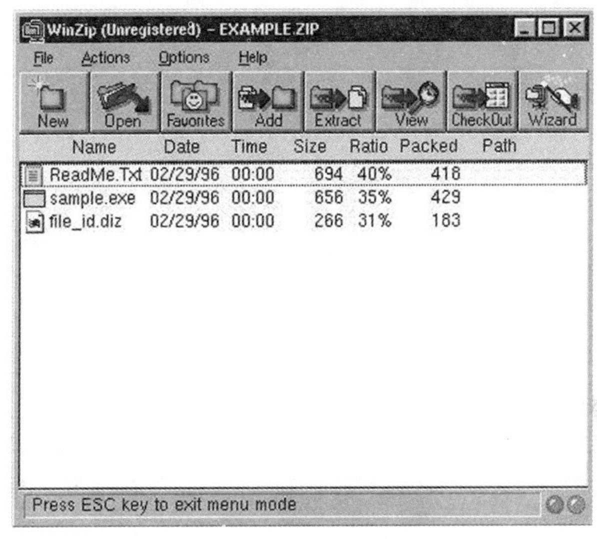

WinZip 压缩软件

优势。

在 DOS 时代，以上三种软件的名字叫 ZIP、ARJ 和 RAR，随着操作系统由 DOS 发展到 Windows，ZIP 与 ARJ 也都分别升级为 WinZIP 与 WinARJ，而这个曾经一度风光的 RAR 也适时地推出了 RAR 的 Windows 版本——WinRAR。

作为后起之秀，WinRAR 成了目前最流行、最好用的压缩工具。它有一些自己独特的功能，比如支持鼠标拖放及外壳扩展。WinRAR 的内置程序不仅可以解开各种类型的压缩文件，而且还具有估计压缩的本事，就是说你可以在压缩文件之前得到用 ZIP、

被压缩的文件还能还原回去

ARJ 和 RAR 三种压缩工具各三种压缩方式下的大概压缩率；而它的本职工作——压缩率也是相当高，而资源的占用又相对较少。另外，像固定压缩、多媒体压缩和多卷自释放压缩这些功能是大多数压缩工具所不具备的，使用起来也挺方便，在资源管理器里直接执行就行了。

你不觉得压缩这种技术挺神奇吗？一个文件可能被压缩成原来的一半大小，然后又能毫发无损地还原回去，这其中的奥妙是什么呢？

我们都知道，计算机处理的信息是以二

进制数的形式表示的，因此压缩软件就是把二进制信息中相同的字符串以特殊字符标记来达到压缩的目的。举个例子来说吧，你要电脑记录一幅蓝天白云的图片。对于成千上万单调重复的蓝色像点而言，与其一个一个地定义“蓝、蓝、蓝……”长长的一串颜色，还不如告诉电脑：“从这个位置开始存储777个蓝色像点”来得简洁，而且还能大大节约存储空间。压缩前的文件就像是冗长啰唆的一串颜色数据，而压缩后的则是一种简洁得多的另一种数据记录形式，所以文件就大大变小了。这是一个非常简单的图像压缩的例子。

其实压缩过的文件再还原回去未必都是分毫不差的。根据你的需要，压缩可以分为有损和无损两种。无损压缩固然不错，不过如果丢失个别的数据不会造成太大的影响，这时忽略它们但让文件大大缩小也不失是个好主意，这就是有损压缩。有损压缩广泛应用于动画、声音和图像文件的处理上，典型的代表就是影碟文件格式MPEG、音乐文件格式MP3和图像文件格式JPG。

到了20世纪80年代以后，压缩原理又进化为一种被称为“字典压缩”的新技术。就拿文本文件来说，大家都知道一个文本文件是由一些单词组成的，所以必定有重复的现象发生，比如“压缩软件”一词，于是我们就在文件的头部做一个类似字典的东西，把“压缩软件”这个词放在字典中，并为这个词指定一个占较少字节数的编码，而文章中的“压缩软件”一词均用此这个编码来代替，以达到压缩的目的。当然，压缩软件在实际运作中还要复杂得多呢。

小问题

为什么我们要对文件进行压缩处理？

怎样成为电脑艺术家？

你自己创作过音乐作品吗？美妙动听的乐曲可真叫人心旷神怡。不过，亲手谱写乐曲可不是容易的事，你需要掌握大量的音乐基础知识，这对于业余的音乐爱好者来说往往让人望而却步。如果用电脑谱曲，要实现这个愿望就容易得多了。

DreamWeaver

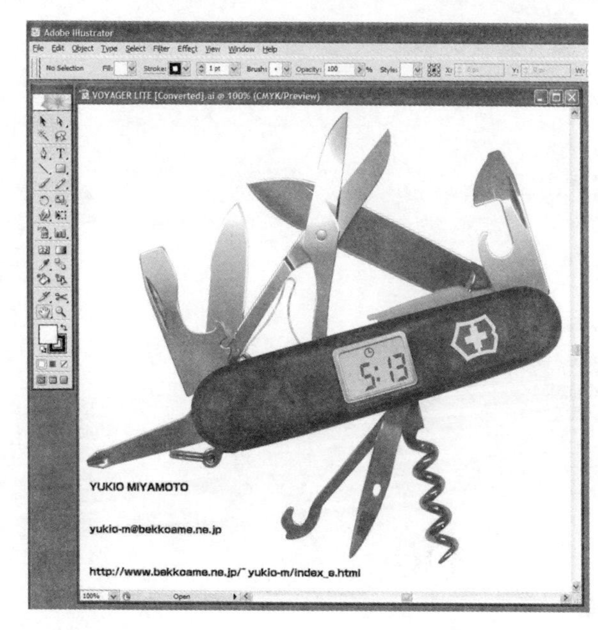

Illustrator

当你想作一首乐曲时，你可以走到钢琴或风琴那里。你不必顾忌曲子的节拍或速度，你可以尽量放慢弹，也许一次只弹一个音。当然也可按照正常的速度弹。在你弹每个音调时，通过专门的记谱软件，计算机都始终在专注地听着，并且一个不落地把你弹的每一个音符记录下来。你把所有的音符都弹完了，就可以让计算机按照你输入的节拍要求，把这首乐曲弹奏出来。这样，一首乐曲就完成了！其实，就算你不会乐器也无妨，你可以自己打拍子哼调子，计算机也能把你哼唱

的旋律记下来。

如果你喜欢绘画，也不妨试试让计算机来帮你作画，看看它能不能创造出什么新气象来，说不定，它还会带给你很多灵感呢。用计算机绘画，目前正是计算机在艺术方面不断发展的新的应用之一。最简单的作画方式是利用鼠标做画笔，在画板上一笔一笔地涂抹。你也可以使用前面介绍过的压感手写板，只要你在手写板上信笔挥洒，计算机就能为你描绘出各色各样的图画来。当前，国

Adobe
PageMaker 7.0

Adobe 公司推出的 PageMaker 7.0

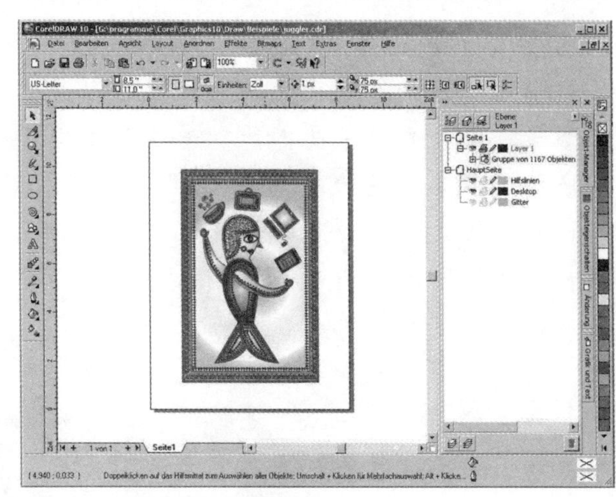

CorelDraw

外还有一种流行的作画方法，就是利用一个软件程序中的不同参数，让计算机的“画笔”在“画布”上几乎是无控制地胡乱涂鸦，有时竟能组合出用人手很难描绘出来的美丽动人的色彩和画面来。不用说你也能想到，这种图画自然是属于抽象派了。

现在，电脑美术创作已经成为一个特殊的行业，在艺术领域显示出了独特的风采。电脑美术创作与我们在电脑的画板上随意画画不同，一般是使用专业的艺术创作软件，通过软件所提供的创作平台来完成艺术作品。越来越多学习传统美术的人把创作方式转变为电脑创作，或者转行到应用电脑从事出版、设计、网页制作等行业中来。电脑美术创作

也同传统创作一样，需要创作天赋、创作技巧、审美感觉和创作灵感，不同的是对所使用的软件类别和设计者的操作技巧、学习新知识的能力也有很高的要求。

古话说，巧妇难为无米之炊。又说，工欲善其事，必先利其器。电脑美术创作的利器就是好用的软件了。用于艺术创作的软件除了我们在前面已经提到过的优秀的图像处

什么叫 MIDI?

接触了电脑音乐，你会常常听到 MIDI 这个词。MIDI 是英文 Musical Instrument Digital Interface 的缩写，即乐器的数字接口。整个 MIDI 系统包括合成器、电脑音乐软件、音源、调音台、数码录音机以及电脑等设备。电脑可以将来源于键盘乐器的声音信息转化为数字信息存入电脑。MIDI 的优势在于它很容易修改，而且不会出错。只是与传统乐器相比，有时候它的声音效果还是不够逼真，显得有些单调。

FreeHand

理软件 Photoshop 和 Fireworks，做动画需要用到 Flash，它采用传统的逐帧动画以及过渡、路径、蒙版等功能表达不同的动画形态，并且通过语言对动画的流向进行控制，巧妙地将动画与声音结合在一起。在网页设计方面最出众的就数 DreamWeaver 了，它是将网页排版与管理结合在一起的软件，通过可视化的操作方式将网页代码表现出来，能够在编制网页的时候随时看到网页的样子，而且，它所制作的网页，还可以插入各种多媒体文件呢。

再多说几句，电脑美术的另一大优势就是它不仅能够表现平面领域的东西，更能够表现立体领域的东西。Discreet 公司的

3D Studio MAX 软件设计的模拟火车

3D Studio MAX 就是一个功能强大、内涵丰富的三维造型软件，它的诞生，将艺术学、美学、力学等多个领域都推向了一个崭新的平台。你可不能小看它呀！

小问题

你用过哪种艺术创作的软件？

电脑也会生病吗？

你的电脑生过病吗？你知道电脑生病的原因是什么吗？对了，让电脑生病的罪魁祸首就是电脑病毒。电脑病毒可不是我们平时生活中的那种感冒病毒，大家用不着一听到

电脑也会生病

电脑病毒常常令电脑用户防不胜防

病毒就浑身发抖，想起医院。其实，只要你了解电脑病毒，对付起来还是挺容易的。

电脑病毒与我们平时所说的医学上的生物病毒是不一样的，它实际上就是一种电脑程序，只不过这种程序相对比较特殊。它是一些人为了捣乱和搞破坏而专门编写的程序，主要特点是会不断地自我繁殖并传染给别的文件。

现在让我们来当一回医生，检查一下电脑病毒发作的时候会出现哪些症状。很多时候当电脑染上了病毒以后，并不会马上发作，这就很难让人觉察了。不过，病毒发作了以后就很容易发现了，有时候电脑的工作会很不正常，有时候会莫名其妙地死机，有时候会突然重新起动，有时候运行得非常非常慢，还有的时候程序会干脆运行不了了。到这个时候你就要注意啦，这很可能就是你的电脑“中毒”的表现了。再重申一遍，通常电脑染病的症状有这些：工作很不正常、莫名其妙

电脑病毒的类型?

电脑病毒和木马固然很让人烦心，但所谓一物降一物，它们的肆掠也催生了一种软件门类：杀毒和防火墙软件。此类软件中，国外口碑较好的有俄罗斯的卡巴斯基，美国的诺顿，国内口碑较好的 360 杀毒软件、瑞星杀毒软件、江民杀毒软件、金山毒霸等。目前，不少杀毒软件商都提供免费版或者网上免费杀毒，因此，对于常规用户来讲，电脑病毒并非是不可防治的。

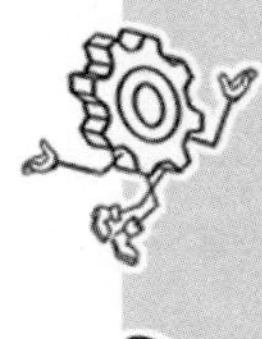

木马和病毒其实都是人为的程序

死机、突然重新起动、运行速度非常慢，以及程序运行不了。

病毒发作的症状稀奇古怪：有的发作时满屏幕会下雨，有的屏幕上会出现毛毛虫，有的会让电脑发出莫名其妙的声音，甚至还会在屏幕上出现谁都看不懂的对话框。这些病毒发作时通常会破坏文件，是非常危险的，带来的危害更是不用说了。以前大家一直以为病毒只能破坏软件和文件之类的，对硬件没什么影响，可是现在的病毒越来越厉害了，从 CIH 病毒开始，就打破了病毒不能破坏硬件的神话，它的发作不知让多少部机器都瘫痪了！

仿制的特洛伊木马

除了感染病毒以外，电脑还可能突然变得不听使唤了，自己做出一些很奇怪的举动。这很可能是遭到了木马的袭击。那木马又是怎么回事呢？

你对古希腊的神话感兴趣吗？如果你喜欢古希腊的历史，就一定会知道“特洛伊木马”的故事。这个故事讲的是古希腊的一场战争，希腊联军攻打特洛伊城，由于特洛伊人防守严密，希腊联军久攻不下。后来希腊联军设计制造了一匹木马，将部分攻城士兵藏在木马内，再带着这匹“马”进攻而假装失败，把装有士兵的木马丢在逃跑的途中。

特洛伊人不知道这中间有计谋，就将木马和其他物品一同作为战利品拖进城里去了。等到城里人都睡着后，木马内的士兵就冲了出来，与城外兵士内外夹攻，打败了特洛伊人，攻克特洛伊城。

后来，大家就把这次攻城所用的“木马计”称为“特洛伊木马”。那你一定能猜出在电脑中它的含义是什么了吧？现代计算机专家们把那些十分隐蔽的程序，潜入计算机内伺机活动的策略就叫作特洛伊木马。特洛伊木马策略可用作计算机系统对用户的监督装置，以掌握用户在计算机系统中的运行状况等；同样，特洛伊木马策略也可以被计算机罪犯所利用，窃取特定对象的敏感信息，篡改其他用户的关键数据，比如信用卡密码，以及制作成计算机病毒，干扰系统的正常运行。总之，特洛伊木马策略是通过一段计算机程序来实现监控别人电脑的方法。

现在我们知道了，木马和病毒其实都是一种人为的程序，那木马到底和病毒有什么不同呢？一般说来，电脑病毒完全是为了搞破坏，损坏或者干掉电脑里的资料数据，有些病毒制造者会利用病毒进行威慑和敲诈勒索，有时候就只是因为无聊，炫耀一下自己的技术。“木马”就不一样了，木马可以用来偷偷地监视别人和盗用别人的密码、数据等，如盗窃管理员密码，进入子网搞破坏，或者偷窃了用户的上网密码、游戏账号、股票账号，甚至盗用网上银行的账户。这样就能够达到偷窥别人隐私而获得经济利益。所以木马在早期要比电脑病毒更直接达到使用者的目的！虽然罪恶，可这种好处太诱人了，就有许多别有用心的程序开发者大量地编写这类侵入性程序，最终导致了目前网上的木马四处流窜、泛滥成灾。

小问题

木马到底能把你的电脑怎么样？

怎样才能“照顾”好电脑？

前面我们介绍了不少杀毒软件，不过我们要时刻记住，并不是安装了杀毒软件就可以高枕无忧了，因为再好的杀毒软件也会有百密一疏的时候。所以，做好日常的保健和预防工作才是最重要的。

那么到底要怎样才能预防病毒呢？

首先应该安装信誉好的杀毒软件提供的防火墙，并注意时时打开着。

移动硬盘可以备份重要数据

网络是电脑病毒传播的主要途径

其次是不要随便复制来历不明的文件，也不要轻易使用未经授权的软件。上网的时候更要提高警觉，如果不是迫不得已，不要轻易在不熟悉的小网站上下载软件和程序。网上的免费软件中藏着病毒的情况可是屡见不鲜了。

再者就是在使用别人的磁盘或者接受邮件的时候，都一定要用杀毒软件进行检查。不要随便打开某些来路不明的电子邮件与附件程序。

另外也不要轻易在线启动、阅读某些文件，否则你就不仅成为网络病毒的受害者，更可能成了传播者。

其实病毒的传染无非是两种方式：一是

网络，二是U盘与光盘。杜绝了这两个传播通道的感染，我们的电脑就可以高枕无忧了。

除了预防和杀毒以外，对付病毒还有一种亡羊补牢的办法。我们知道病毒其实就是一段程序或指令代码，它主要针对的是以 .exe与 .com 结尾的文件，由于它这一先天的“缺陷”，预防病毒就可以采取另一种设置传染对象属性的办法，就是把所有以 .exed与.com为扩展名的文件设定为“只读”。这样一来就算病毒程序被激活，也无法对其他

计算机病毒是怎么传播的?

首先要有传染源，就是病毒程序或病毒感染的文件。然后要经过一定的传播途径，移动硬盘、光盘、网络服务器等。接下来就是病毒传染，当执行被感染的文件或程序时，病毒就会被激活，同时进行自我复制感染其他文件。最后就是当病毒遇到设定的触发条件时，例如某个特定的日期，病毒就会发作，进行各种破坏活动。

光盘也会传播电脑病毒

程序进行写操作，也就不能感染可执行程序了，病毒的破坏功能也就受到了很大的限制。不过，这种做法也会影响到计算机本身的运行，所以只有专业人员才能正确地运用。

我们在平时要做好两件事：一是要把重要的文件及时备份，这一习惯会在关键时刻让你体会到它的作用。二是在你的电脑没有染毒时，一定要做一张或两张系统启动盘(光盘或 U 盘)，万一电脑被感染了病毒，它们就会发挥巨大的作用了。这是因为虽然很多病毒杀除后就消失了，但也有些病毒在电脑一启动时就会驻留在内存中，在这种带有病毒的环境下杀毒只能把它们从硬盘上杀除，

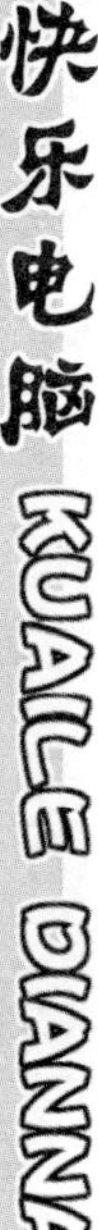

但内存中还有，杀完了立刻又会染上。所以想要彻底消灭它们的话，一定要用没有感染病毒的启动盘从对应的光盘或U盘启动，才能保证电脑启动后内存中没有病毒。也只有这样，才能将病毒彻底杀除。

不过可别忘了，启动盘一定要加上写保护，这样病毒就不可能感染启动盘了，一定要记住哦！不嫌弃我啰嗦的话就让我再提醒你一句，备份文件和做启动盘的时候一定要保证你的电脑中是没有病毒的，否则的话只会让你错上加错、忙中添乱了。如果你的电脑已经染上了病毒，那就需要从别人那里做一张干净的启动盘。还有许多杀毒盘本身就是启动盘，也可以直接使用。

现在你已经掌握了病毒和杀毒的知识，不过你要知道，电脑工作不正常，不一定全是染上病毒的结果，也有可能是硬件或者软件方面出了问题。所以，遇到不正常的问题杀毒又没什么效果的时候，我们就要考虑和判断一下，是不是出了什么别的问题了。

要保护好我们的电脑，还应该了解一些日常系统维护方面的知识，知道了这些，就可以处理一些小的电脑故障了。

为了提高电脑的办事效率，我们应该经常整理一下我们的储物柜——硬盘。整理硬盘不用我们自己亲自收拾和打理文件，而是

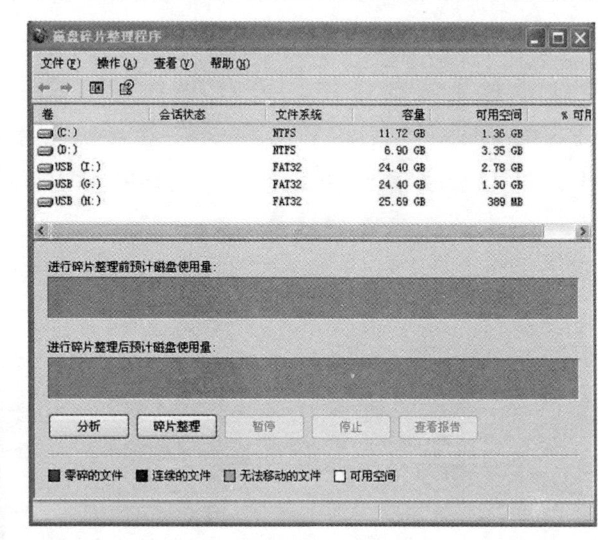

磁盘碎片整理程序

要用“磁盘碎片整理程序”，它才是这方面的专家，是专门用来清理磁盘碎片的。为什么磁盘需要清理呢？这是因为硬盘经过长时间的使用后，由于我们会经常存盘和删除文件，就让文件的存放位置变得七零八碎的，这样一来硬盘读取文件的速度也就会变慢。而经过整理以后，磁盘空间通常会扩大一些，文件存放得更有秩序，文件读写起来也就会快一些。在整理硬盘之前，最好把其他的程序都关掉。因为，在整理过程中有程序读写硬盘，“磁盘碎片整理程序”会重新开始，这样整理程序就永远也整理不完硬盘了！

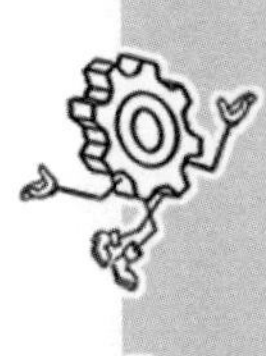

另外，你知道你的电脑里有一位灵巧的磁盘修理匠吗？除了磁盘碎片整理程序以外，Windows 还自带了一个程序可以修复硬盘中的错误，这就是“磁盘扫描程序”。一旦磁盘有损坏，它能够尽量将磁盘损坏部分中的信息读出，然后再写到磁盘的其他地方，这样，你就可以及时地将有用的信息保存到其他地方，当然会最大限度地减少你的损失了。还有，如果因为不正常关机造成硬盘文件的混乱丢失，也需要由它来修理。有个这么灵巧的帮手，你可别让它总是睡大觉啊。

小问题

为什么我们要对硬盘进行维护处理呢？

图书在版编目（CIP）数据

快乐电脑 / 中国科学技术协会青少年科技中心组织编写 . -- 北京：科学普及出版社，2013.6（2019.10 重印）
（少年科普热点）
ISBN 978-7-110-07896-9

I. ①快… II. ①中… III. ①电子计算机 - 少年读物 IV. ① TP3-49

中国版本图书馆 CIP 数据核字（2013）第 084873 号

科学普及出版社出版
北京市海淀区中关村南大街 16 号 邮编：100081
电话：010-62173865 传真：010-62173081
http：//www.cspbooks.com.cn
中国科学技术出版社有限公司发行部发行
山东华鑫天成印刷有限公司印刷
※
开本：630 毫米 ×870 毫米 1/16 印张：14 字数：220 千字
2013 年 6 月第 1 版 2019 年10月第 2 次印刷
ISBN 978-7-110-07896-9/TP・217
印数：10001—30000 定价：15.00 元
